できた シート
きせかえ ヤンヤンつけボー の パンダ
ヤンヤンつけボーの パンダに，ぼうしや ふくを きせてね！
おおきな
ヤンヤンつけボーを
もたせて
はたに してね！
いっしょに
たべよ！
いっしょに
がんばろ！
だいすき
meiji つけておいしい、つけてたのしい

# おかしなドリル 小学2年 文しょうだい もくじ

ページ



本誌に記載がある商品は2023年3月時点での商品であり，デザインが変更になったり，販売が終了したりしている場合があります。

# 1　1年生の　ふくしゅう

1年生の文章題の復習

名前

**1**　ぶどうの　グミが　4こ，みかんの　グミが　5こ　あります。あわせて　何《なん》こ　ありますか。　1つ5［10点《てん》］

しき（　　　　　　　　　）

答《こた》え（　　　　こ）

**2**　風《ふう》せんが　8こ　あります。3こ　われると，のこりは何こに　なりますか。　1つ5［10点］

しき（　　　　　　　　　）

答え（　　　　）

**3**　きのこの山が　15こ　あります。たけのこの里《さと》は　7こあります。ちがいは　何こですか。　1つ8［16点］

しき（　　　　　　　　　）

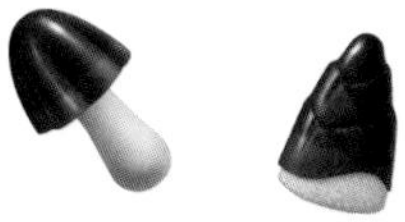

答え（　　　　）

**4**　クッキーが　10まい　ありました。きのう　4まい食《た》べました。今日《きょう》　6まい　もらいました。クッキーは何まいに　なりましたか。　1つ8［16点］

しき（　　　　　　　　　）

答え（　　　　）

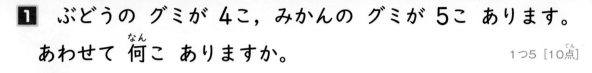

**5** みずきさんは，前《まえ》から 6ばんめに います。後《うし》ろには 2人《ふたり》 います。みんなで 何人《なんにん》 いますか。 1つ8［16点《てん》］

しき（　　　　　　　　）

答《こた》え（　　　　　）

**6** 7人の 子どもが 1こずつ アポロを 食《た》べます。アポロは あと 3こ あります。アポロは ぜんぶで 何こ ありますか。 1つ8［16点］

しき（　　　　　　　　）

答え（　　　　　）

**7** みかんがりを しました。ひかるさんは 13こ とりました。あきさんは ひかるさんより 6こ 少《すく》なかったそうです。あきさんは みかんを 何こ とりましたか。 1つ8［16点］

しき（　　　　　　　　）

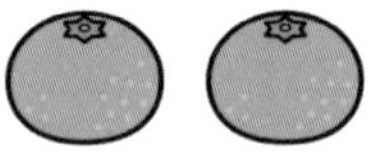

答え（　　　　　）

答え 56ページ

月　　日　　点

# 2 たし算の ひっ算 ①

2けたの数をふくむ，たし算の筆算

名前

**1** あおいさんは 32円の ゼリーと 65円の あめを 買《か》います。だい金は いくらに なりますか。 1つ5 [15点《てん》]

しき (　　　　　　　　　　)

ひっ算《さん》

| | | |
|---|---|---|
| | 3 | 2 |
| + | 6 | 5 |
| | | |

「いくら」と きいて いるから，「円」を つけて 答えようね。


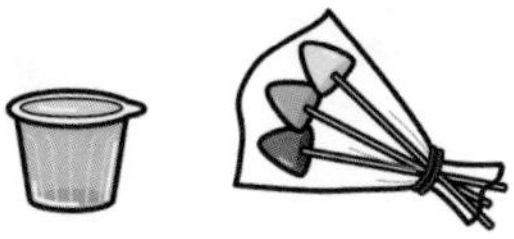

答《こた》え (　　　　円)

**2** しおんさんは 53まい 色紙《いろがみ》を もって います。りおさんから 24まい もらいました。ぜんぶで 何《なん》まいに なりましたか。 1つ5 [15点]

しき (　　　　　　　　　　)

ひっ算

| | | |
|---|---|---|
| | | |
| | | |
| | | |

答え (　　　　　)

**3** ヤンヤンつけボーを 12本 もって います。29本 もらいました。ぜんぶで 何本 もって いますか。 1つ5 [15点]

しき (　　　　　　　　　　)

ひっ算

| | | |
|---|---|---|
| | | |
| | | |
| | | |
| | | |

くり上がりが あるよ。


答え (　　　　　)

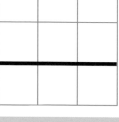

# ② たし算の ひっ算 ①

**4** 校ていに 子どもが 80人，先生が 4人 います。

みんなで 何人《なんにん》 いますか。　1つ5 [15点《てん》]

ひっ算《さん》

しき (　　　　　　　　　　)

くらいを そろえて
書《か》く ことが たいせつ！
4は 一のくらいだよ。

答《こた》え (　　　　　　)

**5** れいさんは チョコベビーを 7こ もって います。

はるさんから 26こ もらうと，ぜんぶで

何こに なりますか。　1つ5 [15点]

ひっ算

しき (　　　　　　　　　　)

答え (　　　　　　)

**6** 47円の せんべいと 13円の ガムを 買《か》います。

だい金は いくらに なりますか。　しき・ひっ算1つ10，答え5 [25点]

ひっ算

しき (　　　　　　　　　　)

GUM

答え (　　　　　　)

答え 57ページ

月　　日　　点

# 3 ひき算の ひっ算 ①

2けたの数をふくむ，ひき算の筆算

名前

**1** ゆうとさんは 45円 もって います。34円の ドーナツを 買《か》います。のこりは いくらですか。 1つ5［15点《てん》］

しき（　　　　　　　　　　　　）

答《こた》え（　　　　　　）

ひっ算《さん》

| | | |
|---|---|---|
| | 4 | 5 |
| － | 3 | 4 |
| | | |

**2** 赤い 花が 57本，黄色《きいろ》い 花が 22本 さいて います。赤い 花は 黄色い 花より 何本《なんぼん》 多《おお》いですか。 1つ5［15点］

しき（　　　　　　　　　　　　）

「ちがい」を
きいて
いるんだね。

答え（　　　　　　）

ひっ算

| | | |
|---|---|---|
| | | |
| | | |
| | | |

**3** アポロが 33こ あります。14こ 食《た》べると，のこりは 何こですか。 1つ5［15点］

しき（　　　　　　　　　　　　）

くり下がりの
ある ひき算《ざん》の
ひっ算だよ！

答え（　　　　　　）

ひっ算

| | | |
|---|---|---|
| | | |
| | | |
| | | |
| | | |

# ③ ひき算の ひっ算 ①

**4** 50人まで のれる のりものに，38人 のって います。
あと 何人《なんにん》 のれますか。

1つ5 [15点《てん》]

しき (　　　　　　　　　　)

ひっ算《さん》

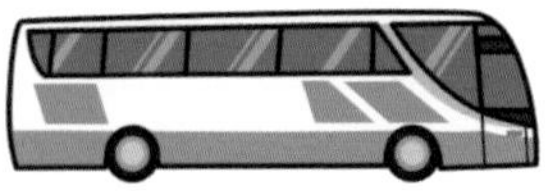

答《こた》え (　　　　　　)

**5** れんさんは カードを 67まい もって います。
りおさんに 17まい あげると，のこりは 何まいに なりますか。

1つ5 [15点]

しき (　　　　　　　　　　)

ひっ算

答え (　　　　　　)

**6** ちひろさんは ポイフルを 31こ もって います。
9こ 食《た》べると，のこりは 何こに なりますか。

しき・ひっ算1つ10，答え5 [25点]

しき (　　　　　　　　　　)

ひっ算

答え (　　　　　　)

答え 58ページ

月　　　日

点

# 4 何十，何百の 計算

10や100のまとまりで考える計算

名前

**1** 赤色《あかいろ》の 色画用紙《いろがようし》が 50まい，みどり色の 色画用紙が 80まい あります。あわせて 何《なん》まい ありますか。 1つ6［12点《てん》］

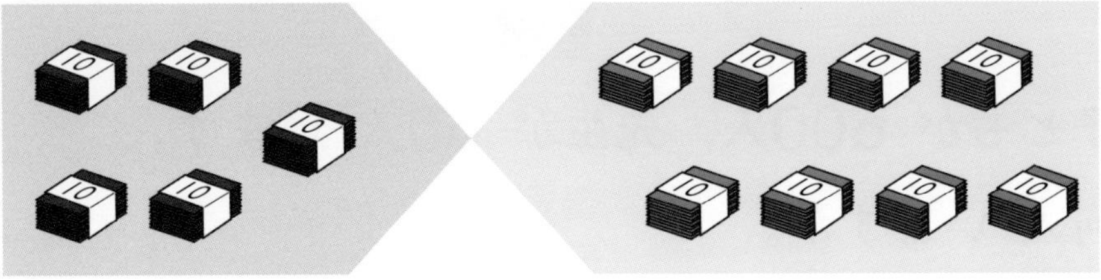

しき（　　　　　　　　　　）

答《こた》え（　　　　　　　）

**2** 色紙《いろがみ》が 140まい あります。50まい つかうと，のこりは 何まいに なりますか。 1つ6［12点］

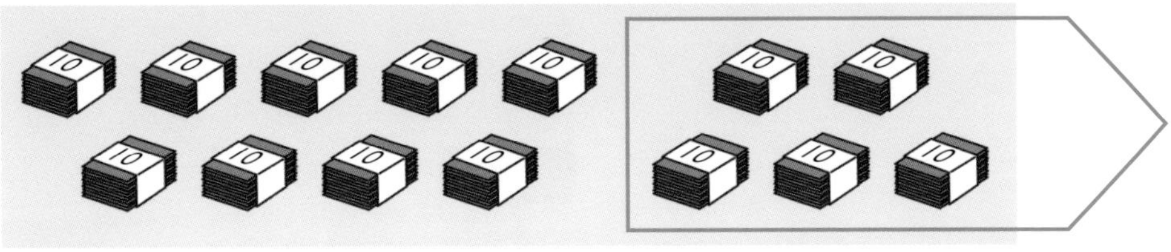

しき（　　　　　　　　　　）

答え（　　　　　　　）

**3** ストローが 400本 あります。200本 買《か》って くると，ぜんぶで 何本に なりますか。 1つ6［12点］

しき（　　　　　　　　　　）

答え（　　　　　　　）

# 4 何十，何百の 計算

**4** あめを 90こ もって います。20こ もらうと，ぜんぶで 何《なん》こに なりますか。 1つ8［16点《てん》］

しき（　　　　）

答《こた》え（　　　　）

**5** 学校に 子どもが 600人，先生が 60人 います。みんなで 何人 いますか。 1つ8［16点］

しき（　　　　）

答え（　　　　）

**6** あゆみさんは 770円 もって います。70円の わたがしを 買《か》うと，のこりは いくらですか。 1つ8［16点］

しき（　　　　）

答え（　　　　）

**7** めんぼうが 403本 あります。3本 つかうと，のこりは 何本ですか。 1つ8［16点］

しき（　　　　）

答え（　　　　）

答え 59ページ

月　日　　点

# チョコっと まめちしき

ヤンヤンつけボーの
ひみつ

## ○じつは 名前《なまえ》が ない！○

ヤンヤンつけボーの パンダの 名前は 「ヤンヤン」では
ありません。
じつは，この パンダには まだ 名前が ないそうです。
みなさんが 名前を つけると したら，
どんな 名前を つけて
あげたいですか？

すてきな
名前が
ほしいなあ……。

## ○ようきで 作《つく》ってみよう○

ヤンヤンつけボーの 入れものは，紙《かみ》を はがすと
ペンで 絵《え》や 文字が かけるように なって います。
おかしを 食《た》べおわったら，きれいに あらってから すきな
絵や 文字を かいて，自分《じぶん》だけの こもの入れや ペン立てを
作ってみましょう。
絵を かく ときは，ゆせいペンを つかって ください。
おり紙《がみ》や シールなどを はっても いいですね。

この ドリルに
ついて いる シールを
はっても いいね！

## ペーパークラフトの 作《つく》り方《かた》

★79ページに のって いる

おかしボックスの 作り方です。

かんせい図《ず》

① 外《そと》がわの 線《せん》で 切《き》りはなします。

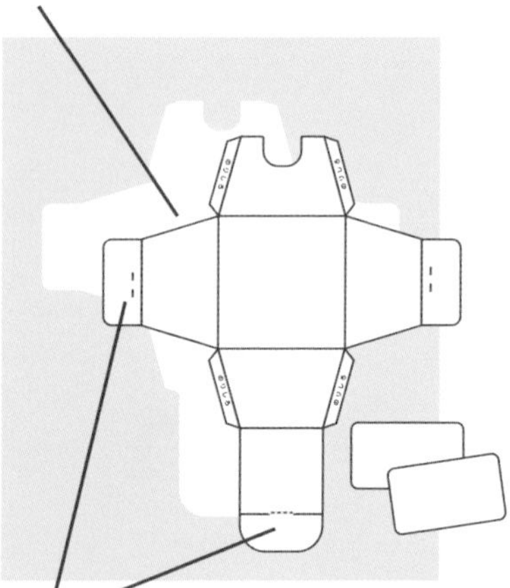

はさみや カッターを
つかう 時《とき》は，けがに
気を つけて おうちの人と
いっしょに とり組《く》もう。

② 点線《てんせん》……の ところに 切りこみを 入れます。

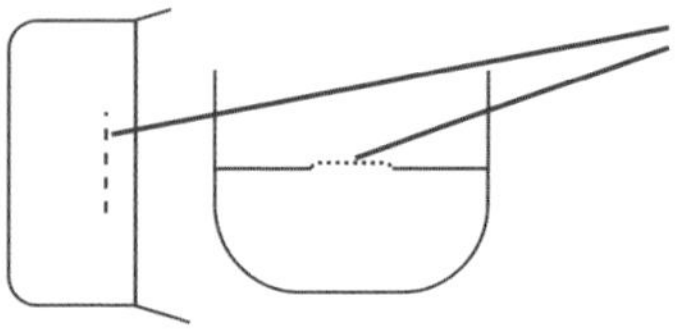

このような 線の

ところだよ。

③ その ほかの ところは すべて 山おりに します。

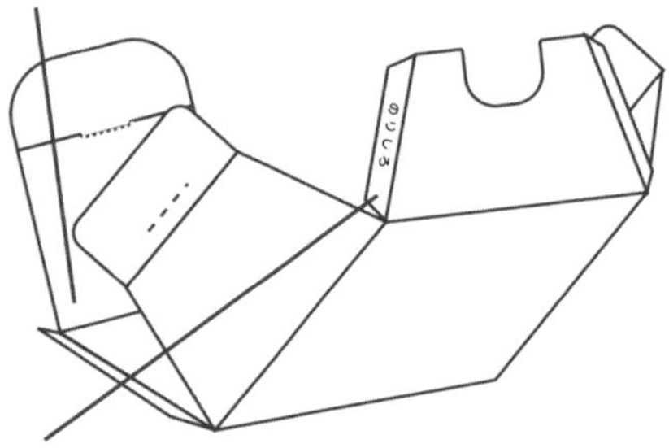

上に ある
かんせい図も
見ながら おろう。

④ のりしろを のりや りょうめんテープで

はったら かんせい！

# 5 時こくと 時間

時刻や時間を求める問題

名前

**1** ヤンヤンつけボーを 食《た》べはじめてから 食べおわるまでに かかった 時間《じかん》は 何分《なんぷん》ですか。 [15点《てん》]

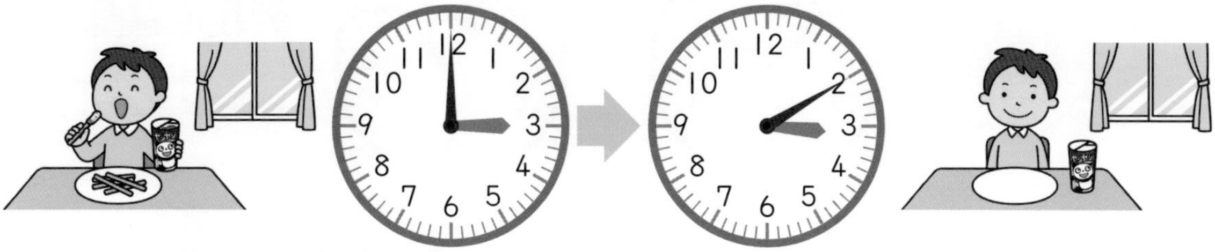

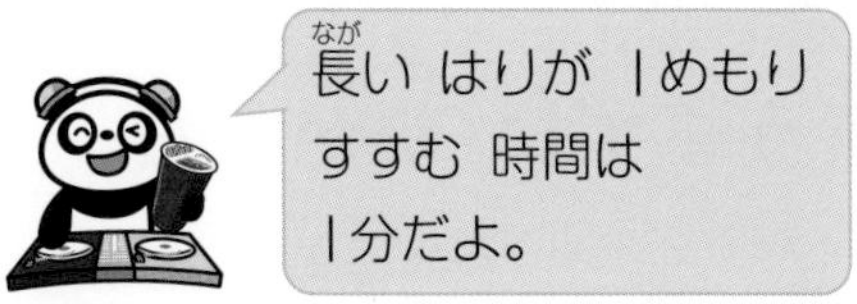


10 分

**2** 9時20分に でん車に のりました。30分後《あと》に えきに つきます。えきに つく 時こくを 答《こた》えましょう。 [15点]

(　　　　　　　　　　)

**3** 朝《あさ》 8時に 家《いえ》を 出ました。おきたのは 家を 出る 1時間前《まえ》でした。おきた 時こくを 答えましょう。 [15点]

(　　　　　　　　　　)

# ⑤ 時こくと 時間

**4** 午前《ごぜん》10時《じ》10分《ぷん》に 家《いえ》を 出て，20分 歩《ある》いて 店《みせ》に つきました。店に ついた 時こくを，午前か 午後《ごご》を つけて 答《こた》えましょう。 [15点《てん》]

?

（午前　　　時　　　分）

**5** 店に 入ってから，きのこの山を 買《か》うまでに かかった 時間《じかん》は 何分《なんぷん》ですか。 [20点]

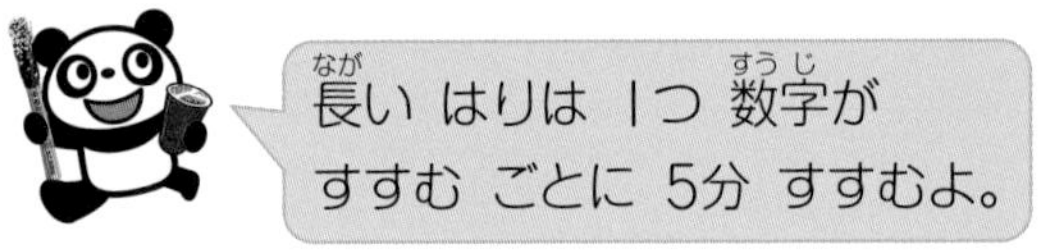
長《なが》い はりは 1つ 数字《すうじ》が
すすむ ごとに 5分 すすむよ。

（　　　　　）

**6** まことさんは 午後2時から 午後4時まで 公園《こうえん》で あそびました。公園で あそんだ 時間は 何時間ですか。 [20点]

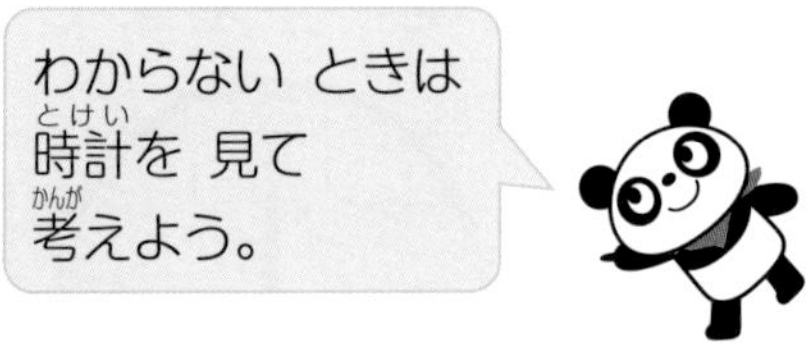
わからない ときは
時計《とけい》を 見て
考《かんが》えよう。

（　　　　　）

答え 60ページ

月　　日　　　点

# ⑥ 長さの 計算

cmとmmをふくむ，長さの計算

名前

**1** あの 線と ⓘの 線の 長さを くらべましょう。　1つ10 [40点]

あ　4cm　1cm

ⓘ　6cm2mm　7mm

① あの 線の 長さは 何cmですか。

$$\boxed{4}\, \text{cm} + \boxed{1}\, \text{cm} = \boxed{\phantom{0}}\, \text{cm}$$

どちらも
おれまがった
線だね。

② ⓘの 線の 長さは 何cm何mmですか。

$$\boxed{\phantom{0}}\, \text{cm} \boxed{\phantom{0}}\, \text{mm} + \boxed{\phantom{0}}\, \text{mm} = \boxed{\phantom{0}}\, \text{cm} \boxed{\phantom{0}}\, \text{mm}$$

③ どちらの 線が どれだけ 長いでしょうか。

しき　$\boxed{\phantom{0}}\, \text{cm} \boxed{\phantom{0}}\, \text{mm} - \boxed{\phantom{0}}\, \text{cm} = \boxed{\phantom{0}}\, \text{cm} \boxed{\phantom{0}}\, \text{mm}$

答え　$\boxed{\phantom{0}}$ の 線の ほうが $\boxed{\phantom{0}}\, \text{cm} \boxed{\phantom{0}}\, \text{mm}$ 長い。

同じ たんいの
数どうしを 計算するよ。

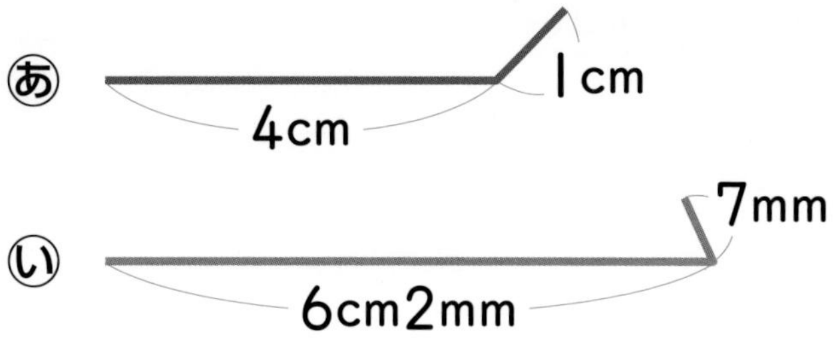

# 6 長さの 計算

**2** えんぴつの 長《なが》さは 12cm5mm，赤えんぴつの 長さは 10cm2mmです。 1つ10［40点《てん》］

① えんぴつと 赤えんぴつを あわせると，長さは どれだけに なりますか。

しき（　　　　　　　　　　　　　　　　　　）

答《こた》え（　　　　　　　　　）

② えんぴつと 赤えんぴつの 長さの ちがいは どれだけですか。

しき（　　　　　　　　　　　　　　　　　　）

答え（　　　　　　　　　）

**3** 高《たか》さ 4cm6mmの かんの 上に 3cm2mmの かんを のせました。高さは あわせて 何《なん》cm何mmに なりましたか。 1つ10［20点］

しき（　　　　　　　　　　　　　　　　　　）

答え（　　　　　　　　　）

答え 61ページ

月　　　日　　　点

# 7 かさの たんい

dL・L・mLをふくむ，かさの計算

名前

**1** 5Lの 水が 入る バケツと 10Lの 水が 入る バケツが あります。2つの バケツに 入る 水の かさは あわせて どれだけですか。

1つ8［16点《てん》］

しき 5 L ＋ 10 L ＝ □ L

答《こた》え □ L

**2** 4dLの 水が 入る 水とうと 6dLの 水が 入る 水とうが あります。2つの 水とうに 入る 水の かさの ちがいは どれだけですか。

1つ8［16点］

しき □ dL － □ dL ＝ □ dL

多《おお》い ほうから
少《すく》ない ほうを
ひくよ。

答え □ dL

**3** オレンジジュースが 1L5dL，りんごジュースが 1L あります。ジュースは あわせて どれだけ ありますか。

1つ8［16点］

しき □ L □ dL ＋ □ L ＝ □ L □ dL

Lどうしを
計算《けいさん》しよう！

答え □ L □ dL

# 7 かさの たんい

**4** 水とうが 3つ あります。 1つ8 [32点《てん》]

(あ) (い) (う)

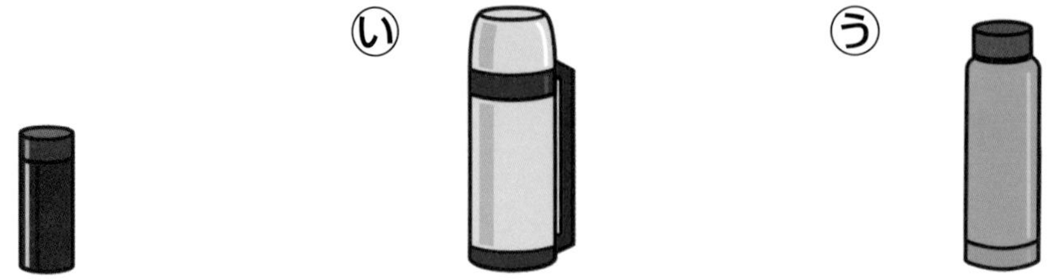

2dL　　1L5dL　　1L2dL

① (あ)と (い)の 水とうに 入る 水の かさは あわせて どれだけですか。

しき (　　　　　　　　　　)

答《こた》え (　　　　　　　　　　)

② (い)と (う)の 水とうに 入る 水の かさの ちがいは どれだけですか。

しき (　　　　　　　　　　)

答え (　　　　　　　　　　)

**5** コップに 牛《ぎゅう》にゅうが 300mL 入って います。200mL のむと，あと どれだけ のこりますか。 1つ10 [20点]

しき (　　　　　　　　　　)

答え (　　　　　　　　　　)

答え 62ページ

月　　日　　点

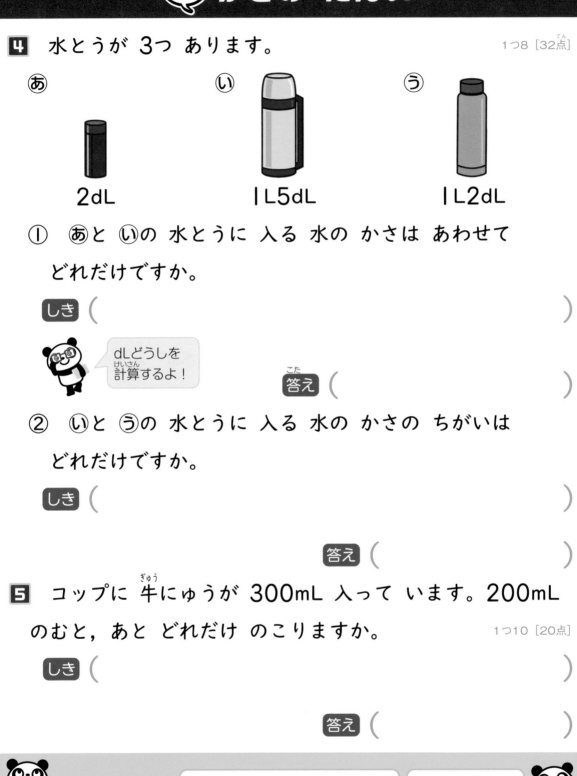

# 8 計算の くふう

（ ）を使った計算

名前

**1** きのう，ひろさんは プッカを 5こ 食《た》べました。今日《きょう》，ひろさんは 6こ，お姉《ねえ》さんは 14こ 食べました。2人《ふたり》で あわせて 何《なん》こ 食べましたか。

①②1つ10，③8［28点《てん》］

① ひろさんの 食べた プッカの 数《かず》を（ ）で まとめて，ぜんぶの 数を もとめる しきを 書《か》きましょう。

しき（(5 + 6) + 14 = ）

ひろさんの 食べた プッカの 数

5+6を 先に 計算《けいさん》するよ。

② 今日 食べた プッカの 数を（ ）で まとめて，ぜんぶの 数を もとめる しきを 書きましょう。

しき（5 + (6 + 14) = ）

今日 食べた プッカの 数

6+14を 先に 計算するよ。

③ プッカを あわせて 何こ 食べましたか。

たす じゅんじょを かえても 答えは 同《おな》じだね！

答《こた》え（ ）

# 8 計算の くふう

**2** 広場《ひろば》に はとが 13わ いました。そこに はとが 5わ，すずめが 15わ 来《き》ました。ぜんぶで 何《なん》わに なりましたか。

しき（　　　　　　　　　　　　　　　　）　1つ12［24点《てん》］

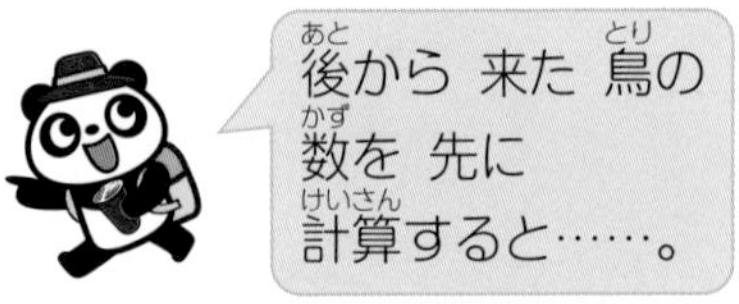
後《あと》から 来た 鳥《とり》の
数《かず》を 先に
計算《けいさん》すると……。

答《こた》え（　　　　　　　　）

**3** お楽《たの》しみ会用《かいよう》に，お茶《ちゃ》を 16本，りんごジュースを 21本 じゅんびしましたが，たりないので，ぶどうジュースを 9本 買《か》って きました。ぜんぶで 何本に なりましたか。

しき（　　　　　　　　　　　　　　　　）　1つ12［24点］

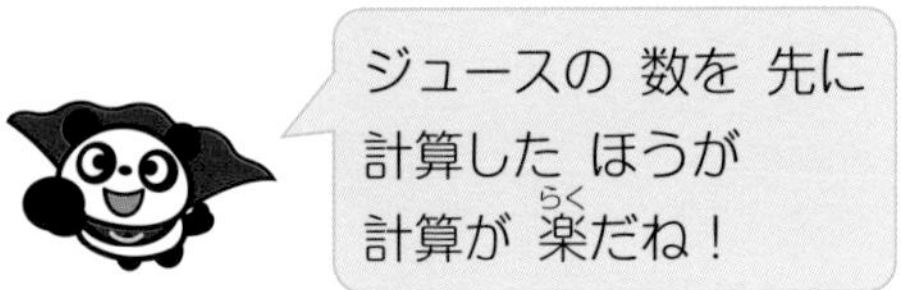
ジュースの 数を 先に
計算した ほうが
計算が 楽《らく》だね！

答え（　　　　　　　　）

**4** ちゅう車場《しゃじょう》に バイクが 8台《だい》，黒《くろ》い 車が 13台，白い 車が 37台 とまって います。ぜんぶで 何台 とまって いますか。　1つ12［24点］

しき（　　　　　　　　　　　　　　　　）

答え（　　　　　　　　）

答え 63ページ

月　　　日　　　　点

# チョコっと ひとやすみ

★キュートに かざろう★
こつぶの
カラフルトリュフ

○ざいりょう○（10～12個分《こぶん》）

明治《めいじ》ミルクチョコレート … 3枚《まい》（150g《グラム》）
　ガナッシュ用《よう》2枚《まい》（100g《グラム》）／
　コーティング用《よう》1枚《まい》（50g《グラム》）
生クリーム … 50mL《ミリリットル》
小粒《こつぶ》チョコ（アポロ，マーブルなど）… 適量《てきりょう》

○どうぐ○

包丁《ほうちょう》，手鍋《てなべ》，ボウル，泡《あわ》だて器《き》，竹ぐし，
スプーン，クッキングシート，トレー

かならず おうちの人と
いっしょに 作《つく》ろう。

○作《つく》り方《かた》○

① ガナッシュ用《よう》のチョコと生クリームを使《つか》って，
ガナッシュを作《つく》ります。
（ガナッシュの作《つく》り方《かた》は次《つぎ》のページにのっています。）

② ①を冷蔵庫《れいぞうこ》で20～30分《ぷん》くらい冷《ひ》やし，ぽってりした
（あんこくらいの）かたさにします。スプーンで
トリュフ1個分《こぶん》の量《りょう》をすくいとって，手のひらで
だんごに丸《まる》め，天面《てんめん》に指《ゆび》で凹《くぼ》みをつけ，クッキングシートを
しいたトレーにおいておきます。

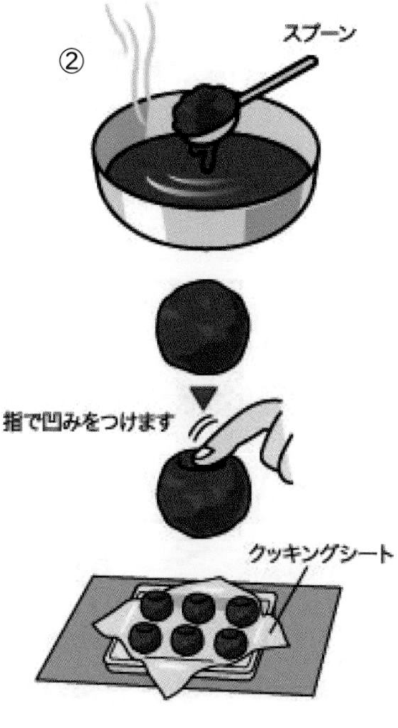
②
スプーン
指で凹みをつけます
クッキングシート

ポイント
**チョコを だんごに
まるめる ときは
手早く やろう！**

③ コーティング用《よう》のチョコを湯《ゆ》せんします。

④ ②を１個《こ》ずつ竹ぐしでさし，③に入れて全体《ぜんたい》にからませます。
（チョコがつきすぎたら，スプーンでおとしてね。）

④

⑤ ④をシートにもどして小粒《こつぶ》チョコをかざり，冷蔵庫《れいぞうこ》で
30分《ぷん》くらい冷《ひ》やしたら，できあがり！

⑤

※冷蔵庫《れいぞうこ》に保存《ほぞん》して，3日以内《いない》になるべく早く食《た》べてね。

## ○ガナッシュの 作《つく》り方《かた》○

**チョコレートと 生クリームで 作る きほんの クリームです。**
**デコレーション用から トリュフまで いろいろ つかえます。**

### ひつような どうぐ

**ボウル，あわだてき，手なべ**

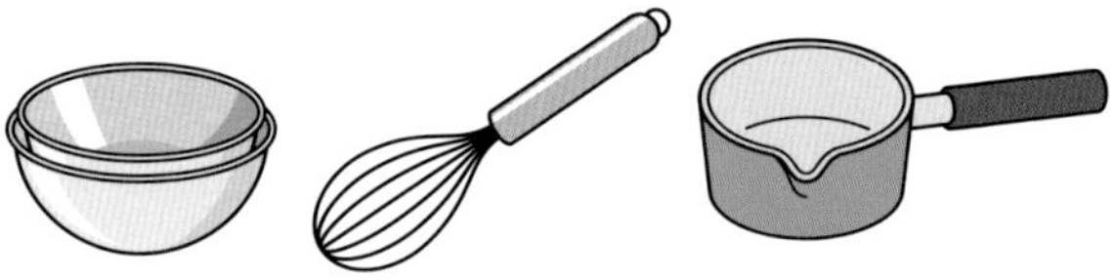

### ざいりょう

**めいじミルクチョコレート，生クリーム**

※りょうは，それぞれの レシピどおりに よういしてね。

①きざんだ チョコレートを ボウルに 入れます。

②手なべで 生クリームを ふっとうするまで よく あたため，①の ボウルに 一気に くわえます。

③チョコレートが かんぜんに とけて なめらかな クリームのように なるまで，あわだてきで よく まぜます。

※チョコレートが かんぜんに とけない ときは，ゆせんで
ボウルを あたためながら まぜよう。

# 9 たし算の ひっ算 ②

和が100以上になる，たし算の筆算

名前

**1** 62円の ラムネと 74円の ビスケットを 買《か》います。

だい金は いくらに なりますか。 1つ5［15点《てん》］

しき（　　　　　　　　　　）

ひっ算《さん》

| | | |
|---|---|---|
| | 6 | 2 |
| + | 7 | 4 |
| | | |

答《こた》え（　　　　　　　　）

**2** チョコベビーを ひびきさんは 53こ，いおりさんは

56こ もって います。あわせて 何《なん》こ ありますか。

1つ5［15点］

しき（　　　　　　　　　　）

ひっ算

| | | |
|---|---|---|
| | | |
| | | |
| | | |

答え（　　　　　　　　）

**3** クッキーが 80まい あります。今日《きょう》 32まい 作《つく》ります。

ぜんぶで 何まいに なりますか。 1つ5［15点］

しき（　　　　　　　　　　）

ひっ算

| | | |
|---|---|---|
| | | |
| | | |
| | | |

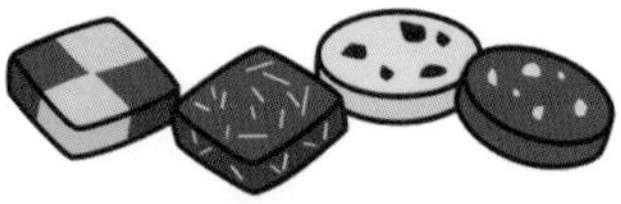

答え（　　　　　　　　）

# 9 たし算の　ひっ算　②

**4**　ペットボトルの　ふたを　あつめて　います。きのうは　86こ，今日《きょう》は　69こ　あつまりました。ぜんぶで　何《なん》こ　あつまりましたか。

1つ5［15点《てん》］

ひっ算《さん》

しき（　　　　　　　　）

答《こた》え（　　　　　　）

**5**　体いくかんで　55人の　子どもが　あそんで　いました。そこへ　47人の　子どもが　来《き》ました。みんなで　何人に　なりましたか。

1つ5［15点］

ひっ算

しき（　　　　　　　　）

答え（　　　　　　）

**6**　くりひろいを　しました。れいさんは　43こ，お姉《ねえ》さんは　78こ　ひろいました。あわせて　何こですか。

しき・ひっ算1つ10，答え5［25点］

ひっ算

しき（　　　　　　　　）

答え（　　　　　　）

**答え 64ページ**

月　　日　　　点

# 10 たし算の ひっ算 ③

和が100以上になる，たし算の筆算
大きい数の筆算

名前

**1** 97円の おかしと 3円の レジぶくろを 買《か》います。

だい金は いくらですか。 1つ5［15点《てん》］

ひっ算《さん》

| | | |
|---|---|---|
| | 1 | |
| | 9 | 7 |
| ＋ | | 3 |
| | | |

しき（　　　　　　　　　　　　）

3は
一のくらいだね。

答《こた》え（　　　　　　　　　　）

**2** おばあさんは 98才《さい》です。おじいさんは おばあさんより 4才 年上だそうです。おじいさんは 何才《なんさい》ですか。 1つ5［15点］

ひっ算

| | | |
|---|---|---|
| | | |
| | | |
| | | |
| | | |

しき（　　　　　　　　　　　　）

くり上がった 1を
たしわすれないでね。

答え（　　　　　　　　　　）

**3** そらさんは カードを 6まい もって います。お兄《にい》さんから 95まい もらいました。ぜんぶで 何まいに なりましたか。 1つ5［15点］

ひっ算

| | | |
|---|---|---|
| | | |
| | | |
| | | |
| | | |

しき（　　　　　　　　　　　　）

答え（　　　　　　　　　　）

# ⑩ たし算の ひっ算 ③

**4** ゆうりさんは 524円の ケーキと 35円の ろうそくを 買《か》います。だい金は いくらに なりますか。

ひっ算《さん》

1つ5［15点《てん》］

しき（　　　　　　　　）

答《こた》え（　　　　　　　　）

**5** 北《きた》小学校の 子どもは 423人です。南《みなみ》小学校の 子どもは 北小学校の 子どもより 8人 多《おお》いそうです。南小学校の 子どもは 何人《なんにん》ですか。

1つ5［15点］

ひっ算

しき（　　　　　　　　）

答え（　　　　　　　　）

**6** 公園《こうえん》に うめの 木が 3本，さくらの 木が 102本 あります。あわせて 何本 ありますか。

ひっ算

しき・ひっ算1つ10，答え5［25点］

しき（　　　　　　　　）

答え（　　　　　　　　）

答え 65ページ

月　　日　　点

# 11 ひき算の ひっ算 ②

ひかれる数が100以上の，ひき算の筆算

名前

**1** 128ページの 本を 読《よ》んで います。今《いま》 45ページまで 読みました。のこりは 何《なん》ページですか。 1つ5［15点《てん》］

しき（　　　　　　　　　　）

ひっ算《さん》

| | | | |
|---|---|---|---|
| | 1̸ | 2 | 8 |
| − | | 4 | 5 |
| | | | |

答《こた》え（　　　　　　　　　　）

**2** チョコベビーが 114こ あります。ポイフルは 54こ あります。ちがいは 何こですか。 1つ5［15点］

しき（　　　　　　　　　　）

ひっ算

| | | | |
|---|---|---|---|
| | | | |
| | | | |
| | | | |

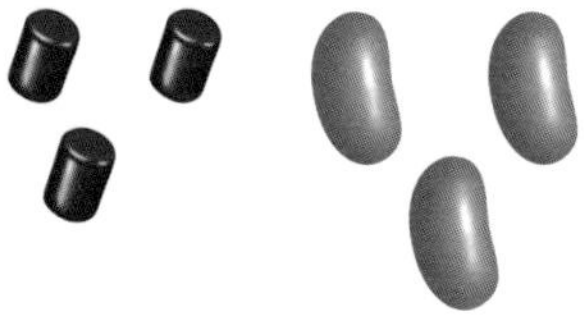

答え（　　　　　　　　　　）

**3** うみさんは 153円 もって います。62円の アイスを 買《か》います。のこりは いくらですか。 1つ5［15点］

しき（　　　　　　　　　　）

ひっ算

| | | | |
|---|---|---|---|
| | | | |
| | | | |
| | | | |

答え（　　　　　　　　　　）

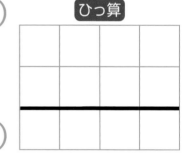

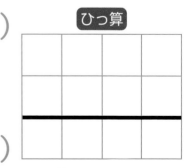

# 11 ひき算の ひっ算 ②

**4** マーブルチョコレートが 131こ あります。
52こ 食《た》べると，のこりは 何《なん》こに なりますか。

1つ5［15点《てん》］

ひっ算《さん》

しき（　　　　　　　　　　）

答《こた》え（　　　　　　　　　　）

**5** 2年生 115人に ペットを かって いるか 聞《き》きました。
ペットを かって いる 人は 47人でした。ペットを かって いない 人は 何人ですか。

1つ5［15点］

ひっ算

しき（　　　　　　　　　　）

答え（　　　　　　　　　　）

**6** 180円 もって います。86円の ガムを 買《か》うと，のこりは いくらですか。

ひっ算

しき・ひっ算1つ10，答え5［25点］

しき（　　　　　　　　　　）

答え（　　　　　　　　　　）

答え 66ページ

月　　日

点

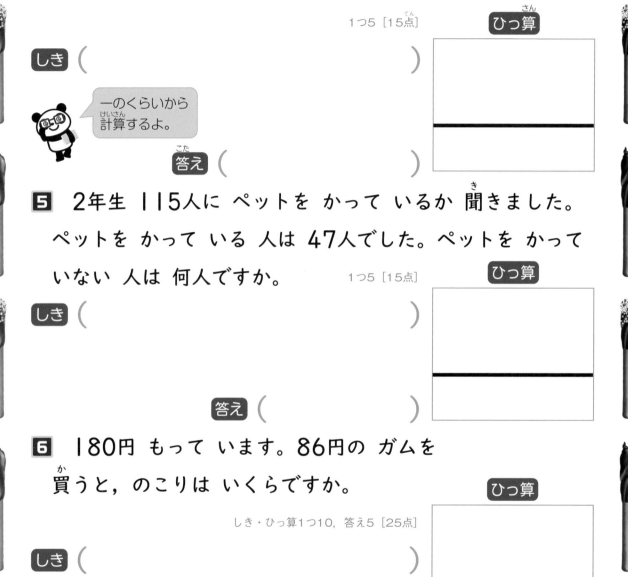

# 12 ひき算の ひっ算 ③

ひかれる数が100以上の，ひき算の筆算
大きい数の筆算

名前

**1** 店《みせ》に 104この おかしが ありました。1日で 87こ 売《う》れました。あと 何《なん》こ のこって いますか。

ひっ算《さん》

1つ5［15点《てん》］

しき（　　　　　　　　　　）

答《こた》え（　　　　　　　　　　）

| | | | |
|---|---|---|---|
| | | 9<br>~~10~~ | |
| | ~~1~~ | ~~0~~ | 4 |
| − | | 8 | 7 |
| | | | |

**2** かごに アポロと ポイフルが あわせて 100こ 入って います。アポロは 38こ 入って いるそうです。ポイフルは 何こ 入って いますか。

1つ5［15点］

ひっ算

しき（　　　　　　　　　　）

100この うち
38こが アポロだから，
のこりは……。

答え（　　　　　　　　　　）

| | | | |
|---|---|---|---|
| | | | |
| | | | |
| | | | |
| | | | |

**3** メモ用紙《ようし》を 102まい もって います。5まい つかうと，のこりは 何まいですか。

ひっ算

1つ5［15点］

しき（　　　　　　　　　　）

答え（　　　　　　　　　　）

| | | | |
|---|---|---|---|
| | | | |
| | | | |
| | | | |
| | | | |

# ⑫ ひき算の ひっ算 ③

**4** ちゅう車場《しゃじょう》に 458台《だい》 車が とまって います。41台 出て いくと，とまって いるのは 何台《なんだい》に なりますか。

1つ5［15点《てん》］

ひっ算《さん》

しき（　　　　　　　　　　）

答《こた》え（　　　　　　　　　　）

**5** えい画《が》かんに 子どもが 263人 います。大人《おとな》は 子どもより 25人 少《すく》ないそうです。大人は 何人 いますか。

1つ5［15点］

ひっ算

しき（　　　　　　　　　　）

答え（　　　　　　　　　　）

**6** わゴムが 651本 あります。9本 つかいました。わゴムは 何本 のこって いますか。

ひっ算

しき・ひっ算1つ10，答え5［25点］

しき（　　　　　　　　　　）

答え（　　　　　　　　　　）

答え 67ページ

月　　日　　　点

# チョコっと まめちしき

チョコレートが
できるまで

## ○カカオまめを かこうする○

チョコレートを 作《つく》るには，まず カカオまめを かこうします。

まめの せんべつ
わるい まめや ゴミを
とりのぞいて いくよ！

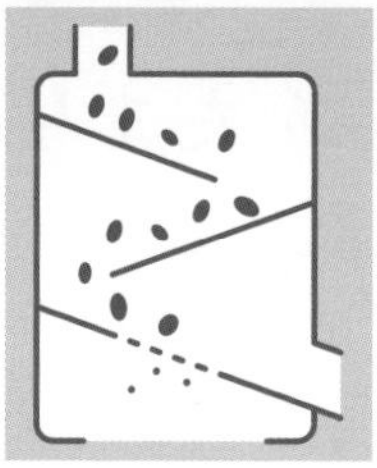

ロースト
カカオの かおりを
出すよ！

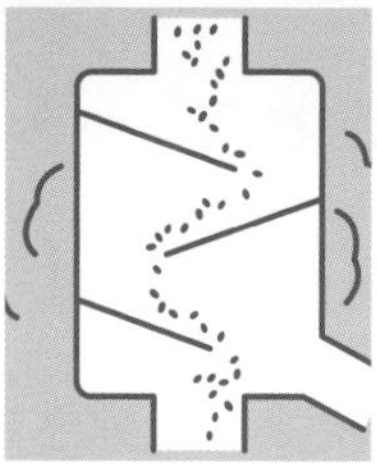

かわを とりのぞく
かわを とると
カカオニブが 出るよ！

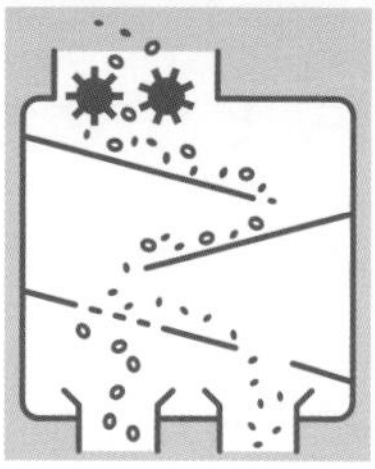

すりつぶす
どろどろした
カカオマスに なるよ！

カカオニブには ココアバターと いう しぼう分《ぶん》（あぶら）が たくさん ふくまれて いるため，すりつぶすと どろどろした ペーストじょうに なります。これを カカオマスと いいます。

## ○ほかの 原《げん》りょうと 合《あ》わせる○

まぜる
カカオマスと ほかの
原りょうを まぜるよ！

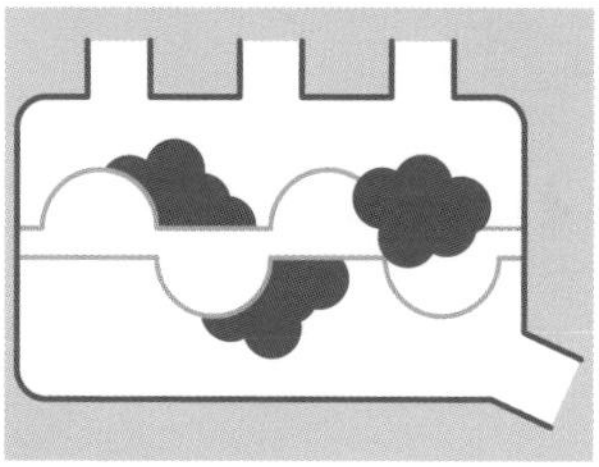

細《こま》かくする
したざわりを
なめらかに するよ！

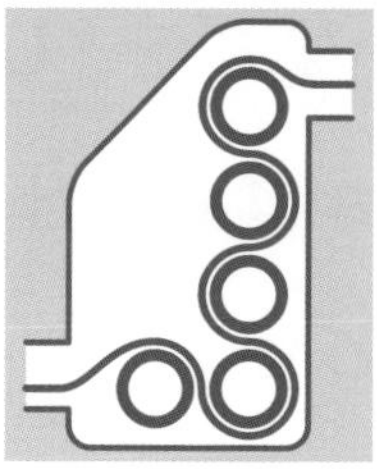

ねりあげる
チョコの かおりが
出てくるよ！

ココアバター，さとう，ミルクなどを まぜて なめらかに した 後《あと》，ねりあげます。

## ○おんど※を ちょうせいする○

テンパリング
おいしい 口どけに
するよ！

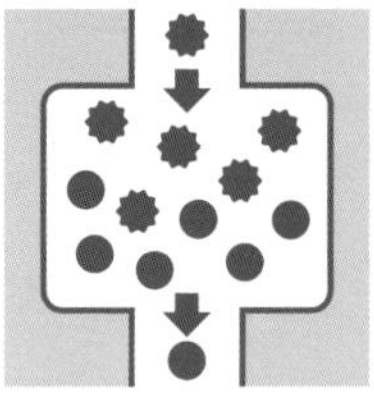

かたに ながしこむ
チョコの 形《かたち》に
していくよ！

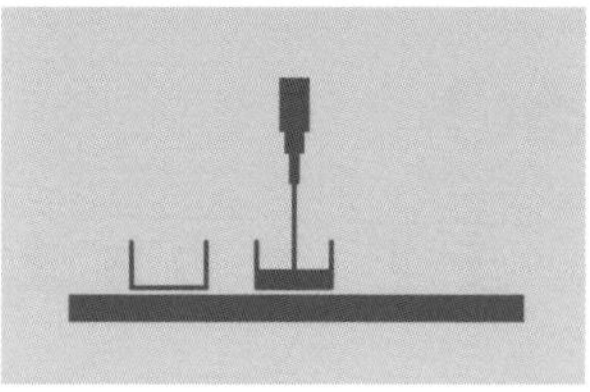

ひやす
時間《じかん》を かけて
ひやしかためるよ！

おんどを ちょうせつする ことを テンパリングと いいます。
正しく おんどを ちょうせつすることで，きちんと かたまり，
口どけが よくて ツヤの ある チョコレートに なります。

※ おんど…あたたかさや つめたさを，数字《すうじ》で あらわした ものだよ。

## ○しあげを する○

かたぬき
いよいよ
チョコの かんせい！

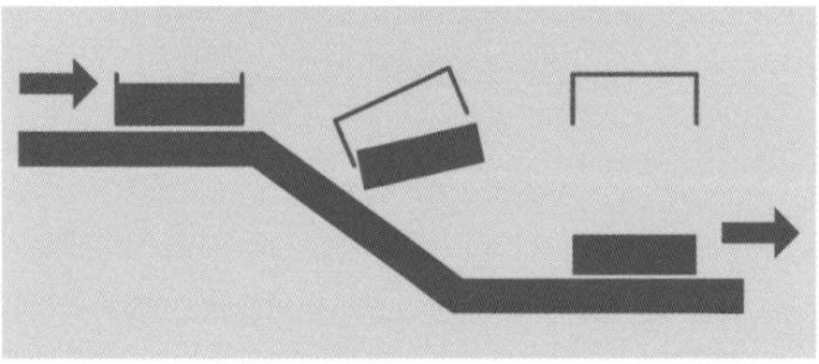

けんさ・ほうそう
きかいと 人の 目で
チェックするよ！

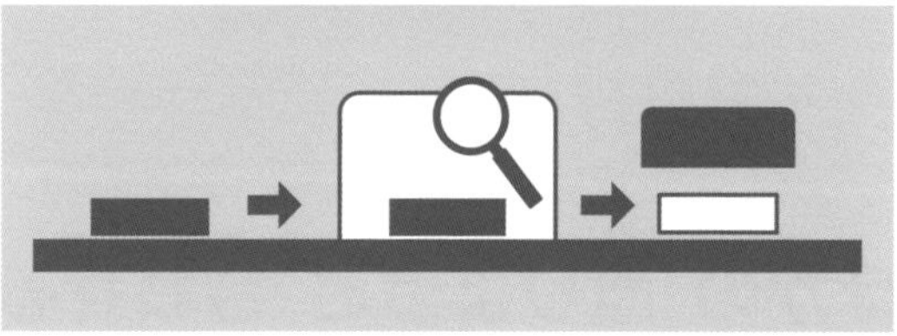

けんさでは，よけいな ものが 入って いないか，ツヤは
どうか，われて いないかなどを しらべます。
けんさに 合《ごう》かくした チョコレートが きれいに つつまれ，
わたしたちの もとに とどいて いるのです。

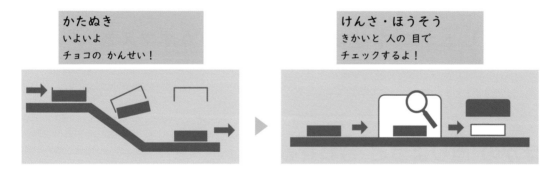

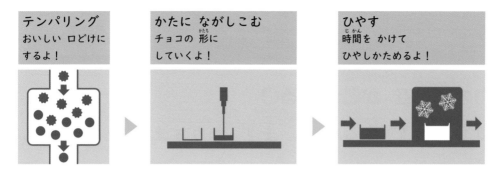

# 13 5，2のだんの 九九

5の段，2の段の九九を使う計算

名前

**1** アポロが 1さらに 5こずつ のって います。 1つ6［24点《てん》］

① 2さらでは，アポロは 何《なん》こに なりますか。

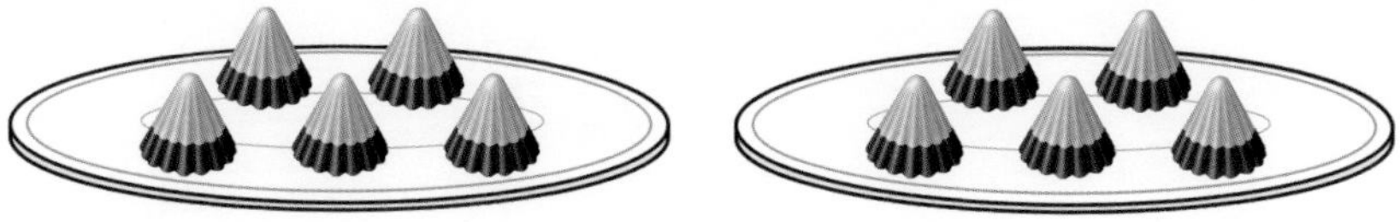

しき 5 × 2 ＝ 10

1つ分《ぶん》の 数《かず》　いくつ分　ぜんぶの 数

答《こた》え（ 10こ ）

② 3さらでは，アポロは 何こに なりますか。

しき □ × □ ＝ □

答え（　　　）

**2** 花を 1人《ひとり》に 2本ずつ くばります。 1つ7［28点］

① 4人に くばるには，花は ぜんぶで 何本 いりますか。

しき（　　　）

答え（　　　）

② 5人に くばるには，花は ぜんぶで 何本 いりますか。

しき（　　　）

答え（　　　）

# ⑬ 5,2のだんの　九九

**3**　どらやきが　1はこに　5こずつ　入って　います。　1つ6［30点《てん》］

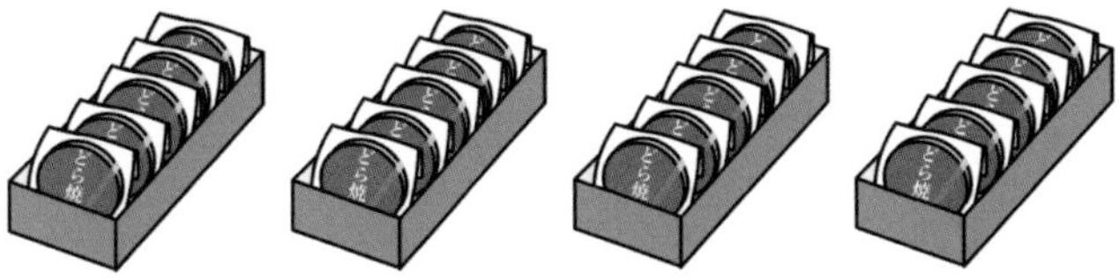

①　4はこでは，どらやきは　何《なん》こに　なりますか。

しき（　　　　　　　　）

答《こた》え（　　　　）

②　1はこ　ふえると，どらやきは　何こ　ふえますか。

（　　　　）

③　5はこでは，どらやきは　何こに　なりますか。

しき（　　　　　　　　）

かけ算《さん》の　しきを
書《か》こう。

答え（　　　　）

**4**　オムレツを　6人分《ぶん》　作《つく》ります。1人《ひとり》分　作るのに　たまごを　2こ　つかいます。たまごは　ぜんぶで　何こ　つかいますか。

しき（　　　　　　　　）　1つ9［18点］

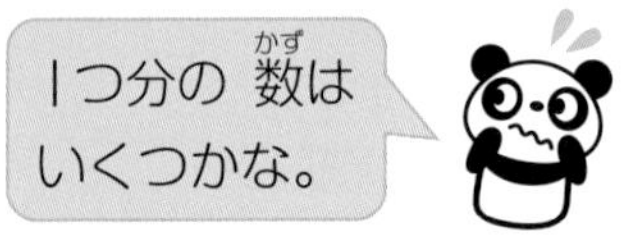
1つ分の　数《かず》は
いくつかな。

答え（　　　　）

答え 68ページ

　　月　　日　　　　点

# 14 3，4のだんの 九九

3の段，4の段の九九を使う計算

名前

**1** 1パック 3こ入りの プリンが あります。 1つ6［24点《てん》］

① 2パックでは，プリンは 何《なん》こ ありますか。

しき □ × □ ＝ □

答《こた》え（　　　　　　）

② 3パックでは，プリンは 何こ ありますか。

しき（　　　　　　）

答え（　　　　　　）

**2** ヤンヤンつけボーを 1人《ひとり》 4本ずつ 食《た》べます。 1つ6［24点］

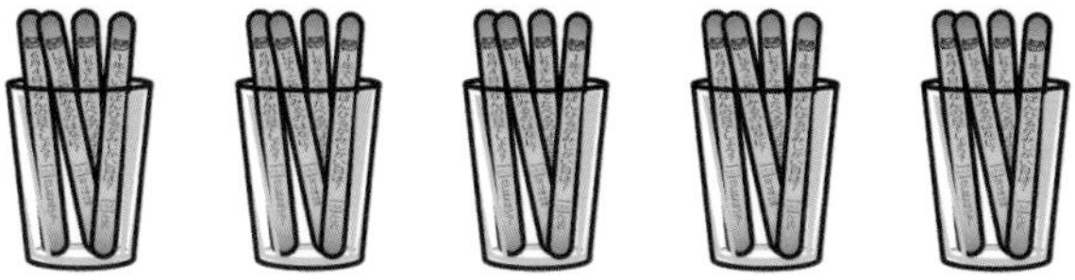

① 5人が 食べました。食べたのは 何本ですか。

しき（　　　　　　）

答え（　　　　　　）

② 8人が 食べました。食べたのは 何本ですか。

しき（　　　　　　）

答え（　　　　　　）

## 14 3,4のだんの 九九

**3** かじゅうグミを 1日に 4こずつ 4日間《かん》 食《た》べました。
ぜんぶで 何《なん》こ 食べましたか。 1つ6［12点《てん》］

しき（　　　　　　　　　　　）

答《こた》え（　　　　　　）

**4** 3さつで 1パックの ノートが あります。 1つ6［24点］

① 6パックでは，ノートは 何さつに なりますか。

しき（　　　　　　　　　　　）

答え（　　　　　　）

② 7パックでは，ノートは 何さつに なりますか。

しき（　　　　　　　　　　　）

九九を おぼえると
すぐに 答えが
わかるように なるよ。

答え（　　　　　　）

**5** 4人で 1つの チームを つくって ゲームを します。
ちょうど 9つの チームが できました。
ぜんぶで 何人 いますか。 1つ8［16点］

しき（　　　　　　　　　　　）

答え（　　　　　　）

答え 69ページ

月　　日　　　点

# 15 6，7のだんの 九九

6の段，7の段の九九を使う計算

名前

**1** きのこの山が 1さらに 6こずつ のって います。

1つ6［24点《てん》］

① 4さらでは，きのこの山は 何《なん》こに なりますか。

しき（　　　　　　　　　　）

答《こた》え（　　　　　　　）

② 6さらでは，きのこの山は 何こに なりますか。

しき（　　　　　　　　　　）

答え（　　　　　　　）

**2** 1ふくろ 7まい入りの チーズを 買《か》います。 1つ6［24点］

① 2ふくろ 買うと，チーズは 何まいに なりますか。

しき（　　　　　　　　　　）

（1つ分《ぶん》の 数《かず》）×（いくつ分）だよ！

答え（　　　　　　　）

② 3ふくろ 買うと，チーズは 何まいに なりますか。

しき（　　　　　　　　　　）

答え（　　　　　　　）

# ⑮ 6, 7のだんの 九九

**3** 1はこ 6こ入りの ドーナツが 8はこ あります。ドーナツは ぜんぶで 何《なん》こ ありますか。 1つ6［12点《てん》］

しき（　　　　　　　　　　）

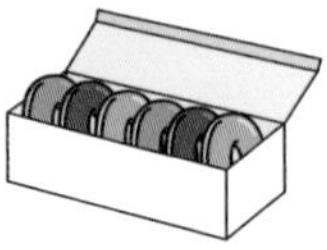

答《こた》え（　　　　　　）

**4** たけのこの里《さと》を 4人の 子どもに 7こずつ くばりました。たけのこの里は ぜんぶで 何こ ありましたか。 1つ6［12点］

しき（　　　　　　　　　　）

答え（　　　　　　）

**5** 1まい 6円の ふくろが あります。9まい 買《か》うと，ぜんぶで いくらに なりますか。 1つ7［14点］

しき（　　　　　　　　　　）

答え（　　　　　　）

**6** 7人のりの 車が 7台《だい》 あります。ぜんぶで 何人 のれますか。 1つ7［14点］

しき（　　　　　　　　　　）

答え（　　　　　　）

答え 70ページ

月　　日　　点

16

# 8，9，1のだんの 九九

8の段，9の段，1の段の九九を使う計算

名前

**1** 8本入りの ペンセットが あります。 1つ7［28点《てん》］

① 2セットでは，ペンは ぜんぶで 何本《なんぼん》 ありますか。

しき（　　　　　　　　　　）

答《こた》え（　　　　　　）

② 9セットでは，ペンは ぜんぶで 何本 ありますか。

しき（　　　　　　　　　　）

8のだんの 九九を 言《い》って みよう。

答え（　　　　　　）

**2** クッキーを 1ふくろに 9まいずつ 入れると，ちょうど 3ふくろ できました。クッキーは 何まい ありましたか。

しき（　　　　　　　　　　） 1つ7［14点］

答え（　　　　　　）

**3** 1人《ひとり》に 1本ずつ 7人に お茶《ちゃ》を くばりました。くばった お茶は 何本ですか。 1つ7［14点］

しき（　　　　　　　　　　）

1本の 7人分《にんぶん》だから……。

答え（　　　　　　）

# 16 8，9，1のだんの 九九

**4** 1はこに 9まいずつ せんべいが 入った はこが 5はこ あります。せんべいは ぜんぶで 何《なん》まい ありますか。

しき（　　　　　　　　　　　　）　　1つ8［16点《てん》］

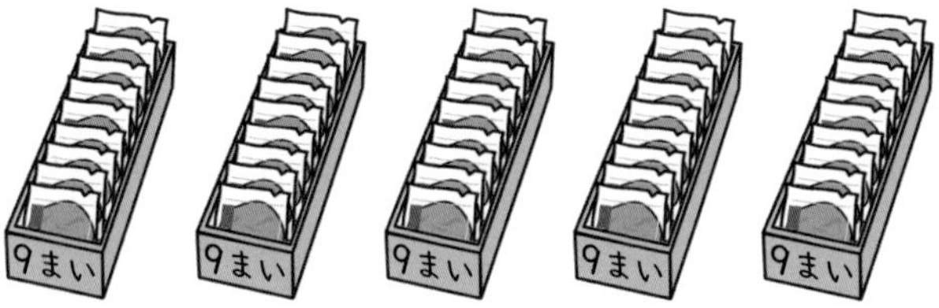


答《こた》え（　　　　　　）

**5** おかしを つかって カップケーキに かざりつけを します。カップケーキは 8こ あります。　　1つ7［28点］

① 1この カップケーキに，アポロを 1こずつ つかいます。アポロは 何こ いりますか。

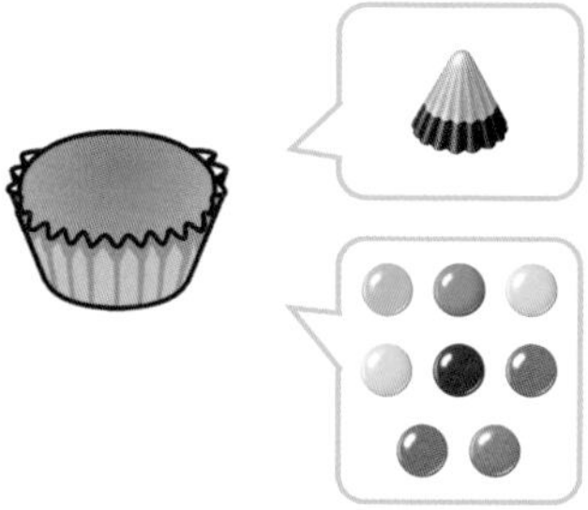

しき（　　　　　　　　　　　　）

答え（　　　　　　）

② 1この カップケーキに，マーブルチョコレートを 8こずつ つかいます。
マーブルチョコレートは 何こ いりますか。

しき（　　　　　　　　　　　　）

答え（　　　　　　）

答え 71ページ

月　　日　　点

# 17 ばいと かけ算

「倍」について，かけ算で考える問題

名前

**1** 黄色《きいろ》の テープの 2ばいの 長《なが》さに すきな 色を ぬりましょう。 ［6点《てん》］

2つ分《ぶん》に 色を
ぬれば いいんだね。

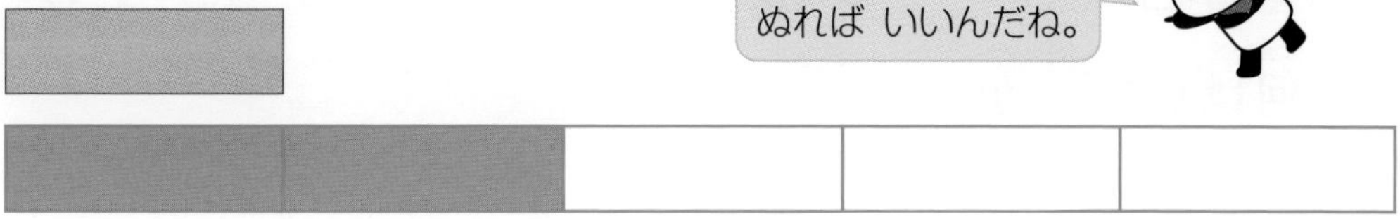

**2** ピンク色の テープの 4ばいの 長さに すきな 色を ぬりましょう。 ［6点］

**3** 下の 図《ず》を 見て 答《こた》えましょう。 1つ8［24点］

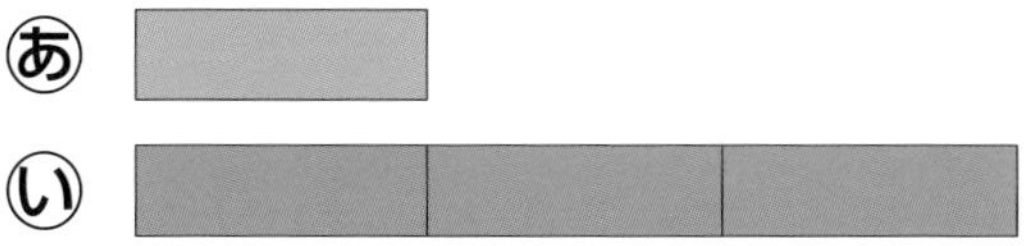
あ
い

いは あの
3つ分だね。

① いの テープの 長さは あの テープの 長さの 何《なん》ばいですか。 （　　　ばい）

② あの テープの 長さは 8cmです。いの テープの 長さは 何cmですか。

しき（　　　　　　　　　　）

答え（　　　　　　）

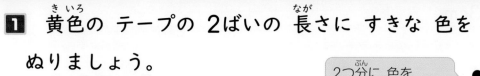

# 17 ばいと かけ算

**4** 下の 図《ず》を 見て 答《こた》えましょう。 1つ8 [24点《てん》]

① 青色《あおいろ》の テープの 長《なが》さは，ピンク色の テープの 長さの 何《なん》ばいですか。

（　　　　　）

② 青色の テープの 長さは 何cmですか。

しき（　　　　　）

答え（　　　　　）

**5** ポイフルが 6こ あります。アポロは ポイフルの 3ばい あります。アポロは 何こ ありますか。 1つ10 [20点]

しき（　　　　　）

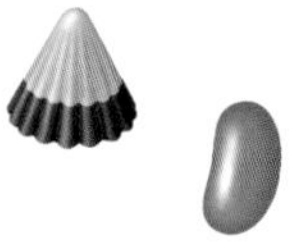

答え（　　　　　）

**6** あめは 1こ 9円です。ラムネの ねだんは あめの 2ばいです。ラムネは 1こ 何円ですか。 1つ10 [20点]

しき（　　　　　）

答え（　　　　　）

答え 72ページ

月　　日　　点

# チョコっと ひとやすみ

正しい 文は
どれかな？

絵《え》を 見て，ア～エから 正しい 文を えらびましょう。

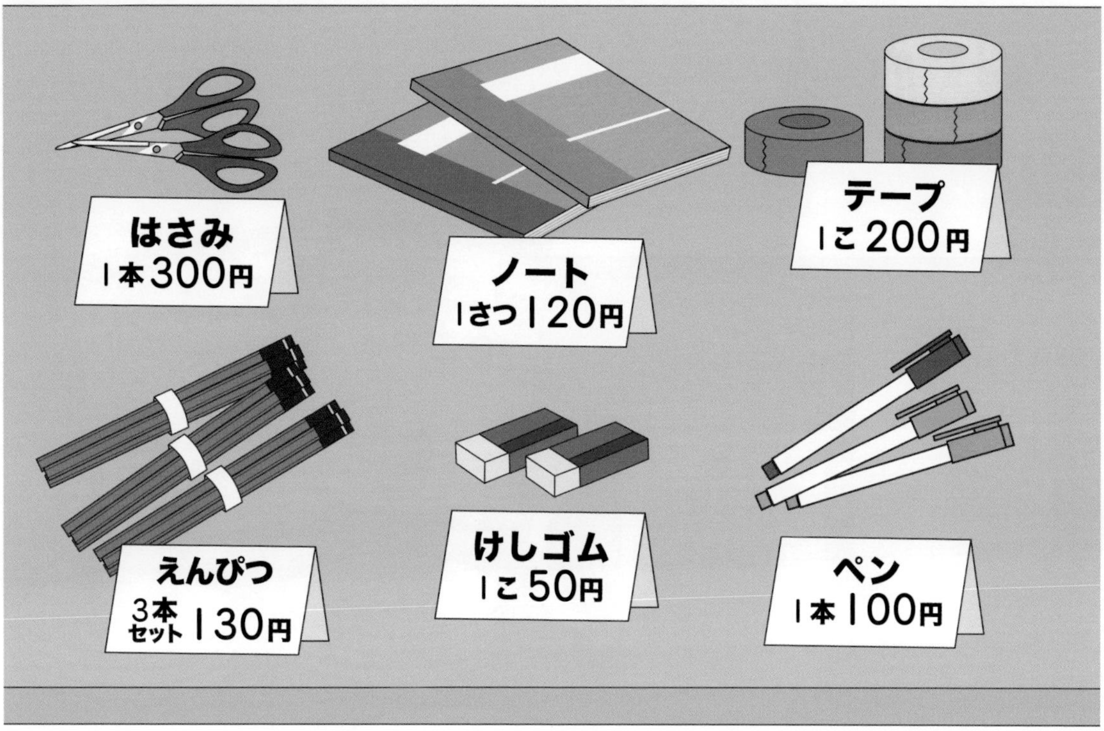


ア　えんぴつを 3セット 買《か》うと，ぜんぶで 12本です。

イ　ペンと はさみを 1本ずつ 買うと，あわせて 400円です。

ウ　テープを 1こ 買って 1000円 出すと，おつりは 700円です。

エ　けしゴムと ノートでは，ノートが 50円 高《たか》いです。

答《こた》え（　　　　　　）

絵《え》を 見て，ア〜エから 正しい 文を えらびましょう。

ア　牛《ぎゅう》にゅうは 6dL あります。

イ　さらは ぜんぶで 18まい あります。

ウ　水は 牛にゅうより 2dL 多《おお》いです。

エ　アーモンドは ぜんぶで 50こ あります。

答《こた》え（　　　　　）

# 18 何百の たし算と ひき算

100のまとまりで考える計算

名前

**1** ひなたさんは ビーズを 600こ，ゆうきさんは ビーズを 500こ もって います。ビーズは あわせて 何《なん》こ ありますか。

1つ8［16点《てん》］

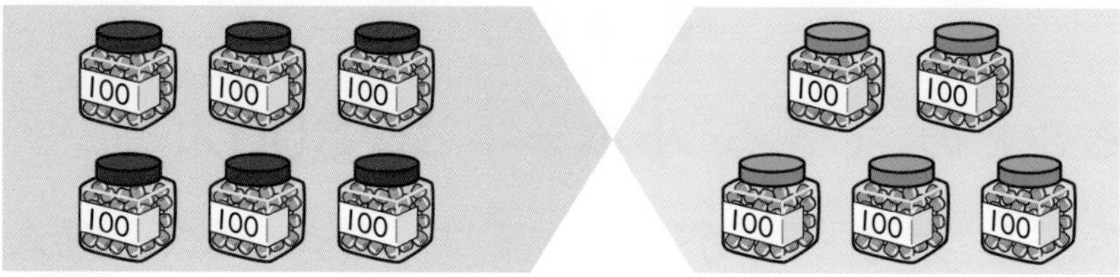


しき（　　　　　　　　　　　　　　）

答《こた》え（　　　　　　　　　）

**2** コピー用紙《ようし》が 1000まい あります。

1つ8［32点］

① 400まい つかうと，のこりは 何まいですか。

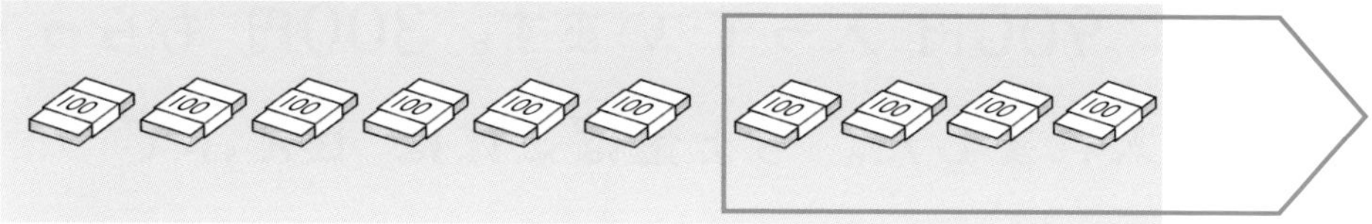


しき（　　　　　　　　　　　　　　）

答え（　　　　　　　　　）

② 800まい つかうと，のこりは 何まいですか。

しき（　　　　　　　　　　　　　　）

答え（　　　　　　　　　）

# 18 何百の たし算と ひき算

**3** コンサートの チケットが 700まい あります。400まい 売《う》れました。のこりは 何《なん》まいですか。 1つ8［16点《てん》］

しき（　　　　　　　　　　　　　　）

答《こた》え（　　　　　　　）

**4** 400人 入ることの できる 小ホールと，800人 入ることの できる 大ホールが あります。あわせて 何人 入ることが できますか。 1つ8［16点］

しき（　　　　　　　　　　　　　　）

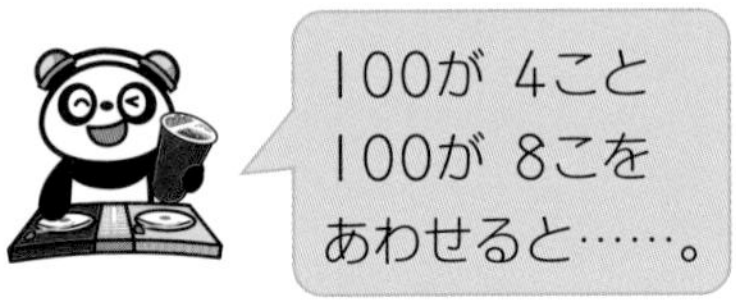


答え（　　　　　　　）

**5** ちょ金ばこに 900円 入って います。300円 もらって ちょ金ばこに 入れました。ちょ金ばこには ぜんぶで いくら 入って いますか。 1つ10［20点］

しき（　　　　　　　　　　　　　　）

答え（　　　　　　　）

答え 74ページ

月　　日　　点

# 19 長さの たんい

cmとmをふくむ，長さの計算

名前

**1** 下の テープの 長《なが》さは どれだけですか。　1つ10［20点《てん》］

①

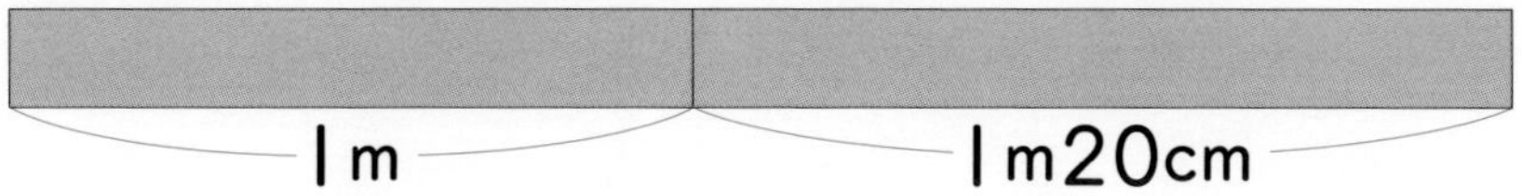


□m ＋ □m□cm ＝ □m□cm

②

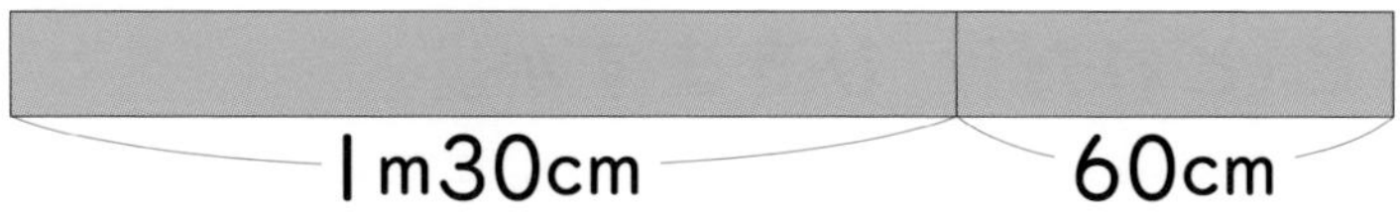


同《おな》じ たんいの 数《かず》どうしを たそうね。

□m□cm ＋ □cm ＝ □m□cm

**2** 黒《こく》ばんの よこの 長さを はかったら，1mの ものさしで 3つ分《ぶん》と 60cmでした。　1つ10［20点］

① 黒ばんの よこの 長さは 何《なん》m何cmですか。

1mが 3つ分と 60cmだから，□m□cm

② 黒ばんの よこの 長さは 何cmですか。

1m ＝ 100cmだから，

3m60cm ＝ □cm

3m60cmは，300cm+60cm と いう ことだよ。

# 19 長さの たんい

**3** 2m60cmの 水色《みずいろ》の リボンと 3m10cmの ピンク色の リボンが あります。2つの リボンを あわせた 長《なが》さは どれだけですか。

1つ10［20点《てん》］

しき（　　　　　　　　　　）

mどうし，cmどうしを たそう！

答《こた》え（　　　　　　　　　　）

**4** 校ていに 8m50cmの 線《せん》を ひきます。今《いま》，5mの 線を ひきました。あと どれだけ ひきますか。

1つ10［20点］

しき（　　　　　　　　　　）

答え（　　　　　　　　　　）

**5** つかささんの しん長《ちょう》は 127cmです。高《たか》さ 30cmの 台《だい》に のります。高さは あわせて 何《なん》m何cmに なりますか。

1つ10［20点］

しき 127 cm ＋ 30 cm ＝ □ cm

157cm ＝ □ m □ cm

100cm+57cm
1m

たんいを かえて あらわそう。

答え（　　　　　　　　　　）

答え 75ページ

月　日　点

# 20 図を つかって 考えよう ①

テープ図で考える問題

名前

**1** クッキーが 20まい あります。何《なん》まいか もらったので，ぜんぶで 35まいに なりました。もらった クッキーは 何まいですか。

1つ10［20点《てん》］

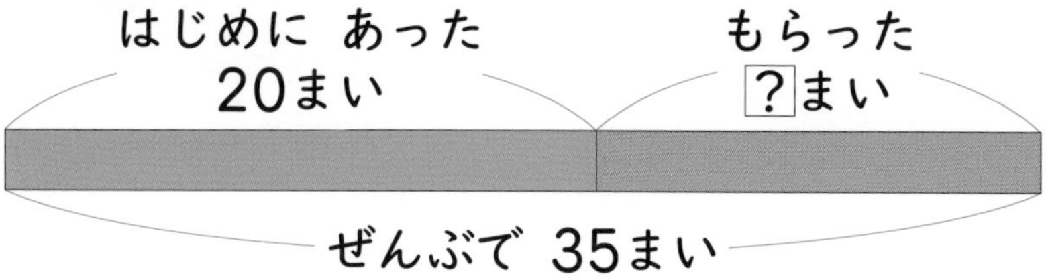

はじめに あった
20まい
もらった
?まい
ぜんぶで 35まい

しき（　　　　　　　　　　）

図《ず》に すると
わかりやすいね。


答《こた》え（　　　　　）

**2** 広場《ひろば》に 子どもが 18人 います。後《あと》から 何人か 来《き》たので，みんなで 24人に なりました。後から 来た 子どもは 何人ですか。

図・しき・答え1つ10［30点］

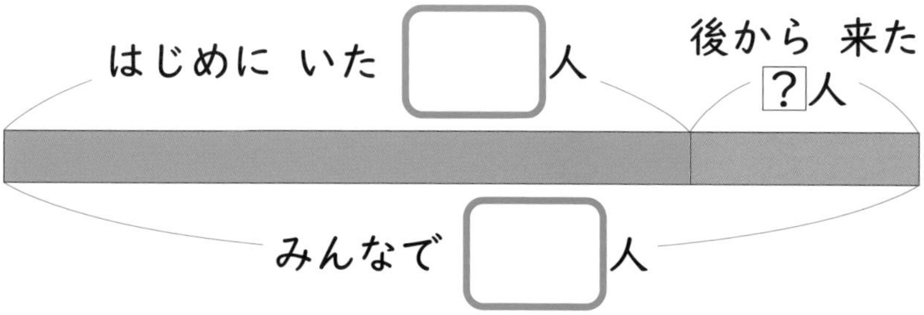

はじめに いた □人
後から 来た
?人
みんなで □人

わかる 数《かず》を
□に 書《か》こう。


しき（　　　　　　　　　　）

答え（　　　　　）

# 20 図を つかって 考えよう ①

**3** チョコベビーが 何《なん》こか あります。7こ 食《た》べたので，のこりは 22こに なりました。チョコベビーは はじめ 何こ ありましたか。

1つ10 [20点《てん》]

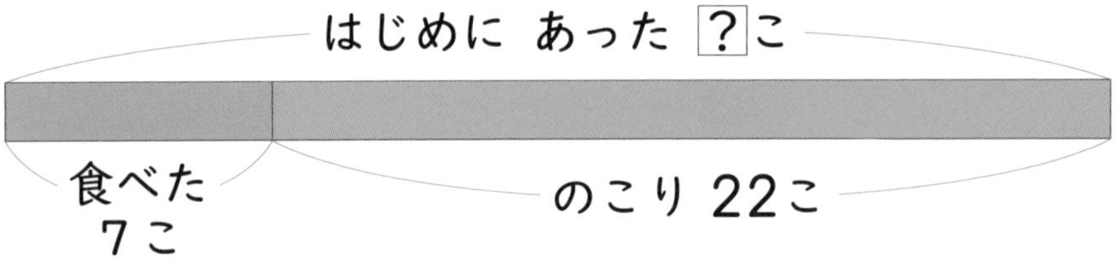

はじめに あった ?こ
食べた
7こ
のこり 22こ

しき (　　　　　　　　)

答《こた》え (　　　　　　)

**4** なつきさんは おかしを 買《か》いに 行《い》きました。56円の おかしを 買ったら，のこりが 16円に なりました。はじめに いくら ありましたか。

図《ず》・しき・答え1つ10 [30点]

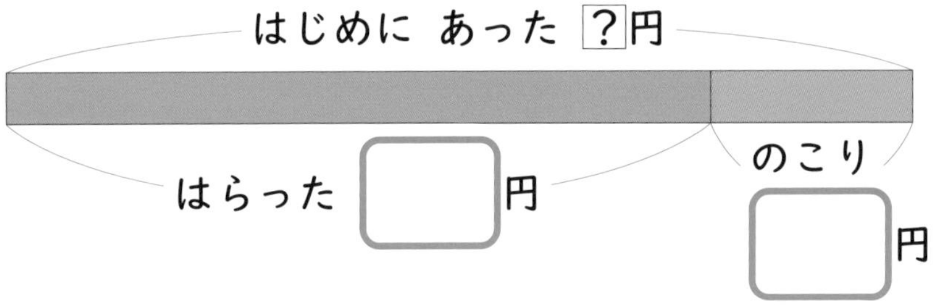

はじめに あった ?円
はらった □円
のこり
□円

たし算《さん》かな，
ひき算かな。


しき (　　　　　　　　)

答え (　　　　　　)

答え 76ページ

月　　日　　　点

# 21 図を つかって 考えよう ②

テープ図で考える問題

名前

**1** パンやに あんパンが あります。15こ やき上がったので，ぜんぶで 21こに なりました。あんパンは はじめ 何《なん》こ ありましたか。

1つ10 [20点《てん》]

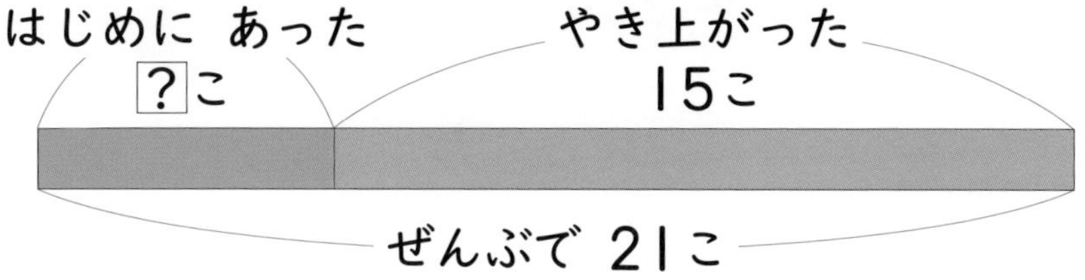

はじめに あった
?こ
やき上がった
15こ
ぜんぶで 21こ


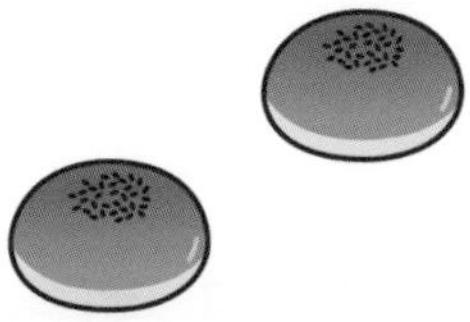

しき (　　　　　　　　　　)

答《こた》え (　　　　　　)

**2** 木に 鳥《とり》が とまって います。後《あと》から 13わ 来《き》たので，ぜんぶで 48わに なりました。はじめに とまって いた 鳥は 何わですか。

図《ず》・しき・答え1つ10 [30点]

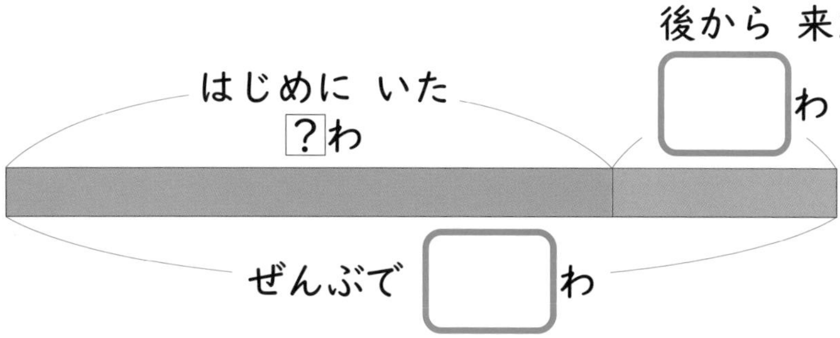

後から 来た
わ
はじめに いた
?わ
ぜんぶで
わ

わかって いる 数《かず》は 何《なに》かな。


しき (　　　　　　　　　　)

答え (　　　　　　)

# 21 図を つかって 考えよう ②

**3** ポイフルが 52こ あります。何《なん》こか あげましたが，まだ 28こ のこって います。あげたのは 何こですか。

1つ10 [20点《てん》]

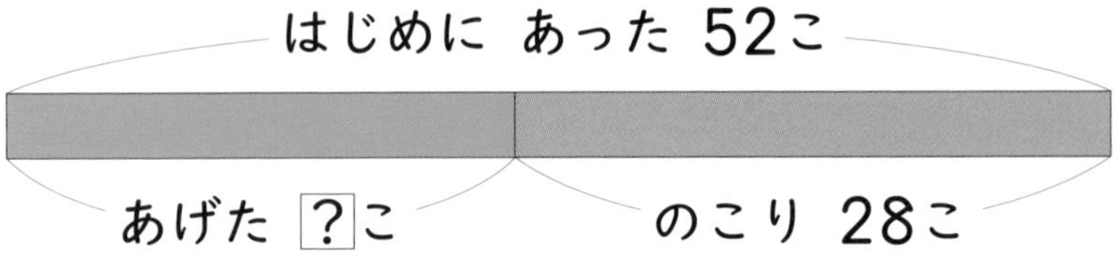

はじめに あった 52こ
あげた ?こ
のこり 28こ


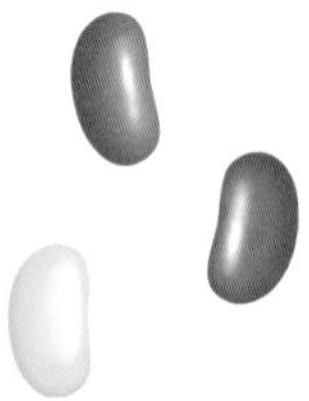

しき (　　　　　　　　　　)

答《こた》え (　　　　　　)

**4** 97円 もって います。ノートを 買《か》ったら，のこりは 37円に なりました。ノートは いくらですか。

図《ず》・しき・答え1つ10 [30点]

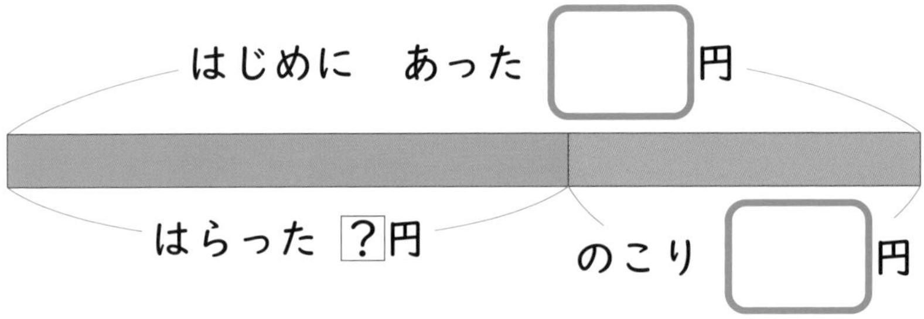

はじめに あった □円
はらった ?円
のこり □円

もんだい文を
よく 読《よ》もう！


しき (　　　　　　　　　　)

答え (　　　　　　)

答え 77ページ

月　　日　　点

# 22　2年生の　まとめ

2年生の文章題のまとめ

名前

**1**　きのこの山が 27こ，たけのこの里《さと》が 29こ あります。あわせて 何《なん》こ ありますか。

1つ6［12点《てん》］

しき（　　　　　　　　　　　　）

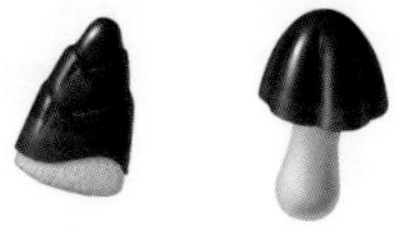

答《こた》え（　　　　　　　）

**2**　ひかるさんは 102円 もって います。76円の プリンを 買《か》います。のこりは いくらですか。

1つ6［12点］

しき（　　　　　　　　　　　　）

答え（　　　　　　　）

**3**　かじゅうグミが 1さらに 6こずつ のって います。5さらでは 何こ ありますか。

1つ7［14点］

しき（　　　　　　　　　　）

答え（　　　　　　　）

**4**　1日に 4ページずつ 本を 読《よ》みます。3日間《かん》で 何ページ 読みますか。

1つ7［14点］

しき（　　　　　　　　　　）

答え（　　　　　　　）

# 22 2年生の　まとめ

**5** 色紙《いろがみ》が　あります。15まい　つかったので，のこりは　52まいに　なりました。色紙は　はじめ　何《なん》まい　ありましたか。

しき（　　　　　　　　　　　　）　1つ8［16点《てん》］

図《ず》を　かいて
みよう。

答《こた》え（　　　　　　）

**6** 校ていに　子どもが　95人　います。後《あと》から　何人か　来《き》たので，みんなで　136人に　なりました。後から　来た　子どもは　何人ですか。　1つ8［16点］

しき（　　　　　　　　　　　　）

答え（　　　　　　）

**7** 500mL　入る　水とうに　300mLの　水を　入れました。水は　あと　何mL　入りますか。　1つ8［16点］

しき（　　　　　　　　　　　　）

いよいよ　さい後《ご》の
もんだいだよ！
よく　がんばったね！

答え（　　　　　　）

答え 78ページ

月　　日　　点

# おかしなドリル

## 小学2年 文しょうだい

# 答《こた》えと てびき

答えあわせを しよう!
まちがえた もんだいは
どうして まちがえたか 考《かんが》えて
もういちど といてみよう。

もんだいと 同《おな》じように
切《き》りとって つかえるよ。

# ① 1年生の ふくしゅう

1年生の文章題の復習

名前

**1** ぶどうの グミが 4こ，みかんの グミが 5こ あります。あわせて 何《なん》こ ありますか。　1つ5［10点《てん》］

しき（ 4 ＋ 5 ＝ 9 ）　★答えには「こ」をつけましょう。

答《こた》え（ 9 こ ）

**2** 風《ふう》せんが 8こ あります。3こ われると，のこりは 何こに なりますか。　1つ5［10点］

しき（ 8 − 3 ＝ 5 ）

答え（ 5こ ）

**3** きのこの山が 15こ あります。たけのこの里《さと》は 7こ あります。ちがいは 何こですか。　1つ8［16点］

しき（ 15 − 7 ＝ 8 ）

「ちがい」だから，たし算《ざん》かな？ひき算かな？

答え（ 8こ ）

**4** クッキーが 10まい ありました。きのう 4まい 食《た》べました。今日《きょう》 6まい もらいました。クッキーは 何まいに なりましたか。　1つ8［16点］

しき（ 10 − 4 ＋ 6 ＝ 12 ）

★前から順に計算しましょう。

答え（ 12まい ）



# ① 1年生の ふくしゅう

**5** みずきさんは，前《まえ》から 6ばんめに います。後《うし》ろには 2人《ふたり》 います。みんなで 何人《なんにん》 いますか。　1つ8［16点《てん》］

しき（ 6 ＋ 2 ＝ 8 ）

図《ず》を かいて みると いいよ。

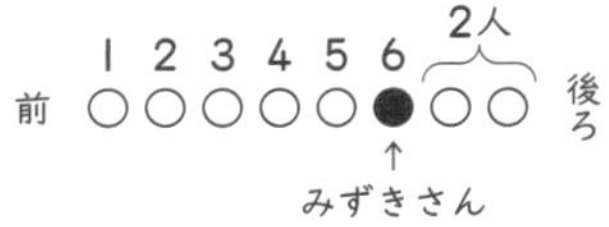


答《こた》え（ 8人 ）

**6** 7人の 子どもが 1こずつ アポロを 食《た》べます。アポロは あと 3こ あります。アポロは ぜんぶで 何こ ありますか。　1つ8［16点］

しき（ 7 ＋ 3 ＝ 10 ）

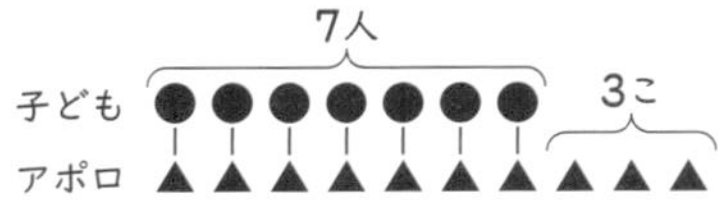

答え（ 10こ ）

**7** みかんがりを しました。ひかるさんは 13こ とりました。あきさんは ひかるさんより 6こ 少《すく》なかったそうです。あきさんは みかんを 何こ とりましたか。　1つ8［16点］

しき（ 13 − 6 ＝ 7 ）

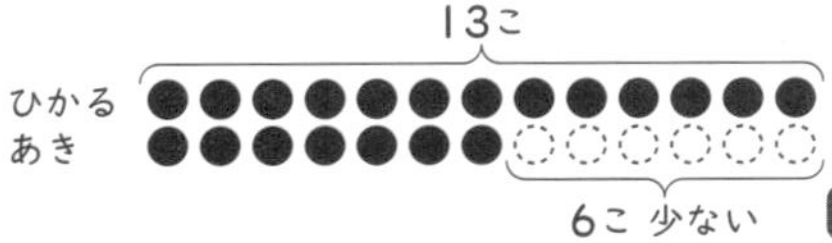


答え（ 7こ ）

答え 56ページ　月　日　点

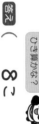

# ② たし算の ひっ算 ①

2けたの数をふくむ，たし算の筆算

名前

**1** あおいさんは 32円の ゼリーと 65円の あめを 買《か》います。だい金は いくらに なりますか。　1つ5 [15点《てん》]

しき（ 32 ＋ 65 ＝ 97 ）

★位をそろえて書き，位ごとに計算しましょう。

「いくら」と きいて いるから，「円」を つけて 答えようね。

答《こた》え（ 97 円）

ひっ算《さん》

| | | |
|---|---|---|
| | 3 | 2 |
| ＋ | 6 | 5 |
| | 9 | 7 |

**2** しおんさんは 53まい 色紙《いろがみ》を もって います。りおさんから 24まい もらいました。ぜんぶで 何《なん》まいに なりましたか。　1つ5 [15点]

しき（ 53 ＋ 24 ＝ 77 ）

答え（ 77まい ）

ひっ算

| | | |
|---|---|---|
| | 5 | 3 |
| ＋ | 2 | 4 |
| | 7 | 7 |

**3** ヤンヤンつけボーを 12本 もって います。29本 もらいました。ぜんぶで 何本 もって いますか。　1つ5 [15点]

しき（ 12 ＋ 29 ＝ 41 ）

★一の位から十の位にくり上がるとき，十の位の計算で1+2を計算してしまい，くり上がった1をたし忘れることが多くあります。注意しましょう。

くり上がりが あるよ。

答え（ 41本 ）

ひっ算

| | | |
|---|---|---|
| | 1 | |
| | 1 | 2 |
| ＋ | 2 | 9 |
| | 4 | 1 |



# ② たし算の ひっ算 ①

**4** 校ていに 子どもが 80人，先生が 4人 います。みんなで 何人《なんにん》 いますか。　1つ5 [15点《てん》]

しき（ 80 ＋ 4 ＝ 84 ）

くらいを そろえて 書《か》く ことが たいせつ！ 4は 一のくらいだよ。

答《こた》え（ 84人 ）

ひっ算《さん》

| | | |
|---|---|---|
| | 8 | 0 |
| ＋ | | 4 |
| | 8 | 4 |

**5** れいさんは チョコベビーを 7こ もって います。はるさんから 26こ もらうと，ぜんぶで 何こに なりますか。　1つ5 [15点]

しき（ 7 ＋ 26 ＝ 33 ）

★1けたの数を書く位置に注意しましょう。

答え（ 33こ ）

ひっ算

| | | |
|---|---|---|
| | 1 | 7 |
| ＋ | 2 | 6 |
| | 3 | 3 |

**6** 47円の せんべいと 13円の ガムを 買《か》います。だい金は いくらに なりますか。　しき・ひっ算1つ10，答え5 [25点]

しき（ 47 ＋ 13 ＝ 60 ）

★くり上げた1を上に小さく書くようにしましょう。

答え（ 60円 ）

ひっ算

| | | |
|---|---|---|
| | 4¹ | 7 |
| ＋ | 1 | 3 |
| | 6 | 0 |

答え 57ページ

月　日　　点

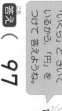

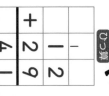

# 3 ひき算の ひっ算 ①

2けたの数をふくむ，ひき算の筆算

名前

**1** ゆうとさんは 45円 もって います。34円の ドーナツを 買《か》います。のこりは いくらですか。 1つ5 [15点《てん》]

しき（ 45 － 34 ＝ 11 ）

★一の位どうし，十の位どうしを計算します。

答《こた》え（ 11円 ）

ひっ算《さん》

| | | |
|---|---|---|
| | 4 | 5 |
| － | 3 | 4 |
| | 1 | 1 |

**2** 赤い 花が 57本，黄色《きいろ》い 花が 22本 さいて います。赤い 花は 黄色い 花より 何本《なんぼん》 多《おお》いですか。 1つ5 [15点]

しき（ 57 － 22 ＝ 35 ）

答え（ 35本 ）

ひっ算

| | | |
|---|---|---|
| | 5 | 7 |
| － | 2 | 2 |
| | 3 | 5 |

**3** アポロが 33こ あります。14こ 食《た》べると，のこりは 何こですか。 1つ5 [15点]

しき（ 33 － 14 ＝ 19 ）

★1くり下げたら斜線をひいて，その上に1小さい数を書いておくとよいでしょう。

答え（ 19こ ）

ひっ算

| | | |
|---|---|---|
| | 2 | |
| | ~~3~~ | 3 |
| － | 1 | 4 |
| | 1 | 9 |



# 3 ひき算の ひっ算 ①

**4** 50人まで のれる のりものに，38人 のって います。あと 何人《なんにん》 のれますか。 1つ5 [15点《てん》]

しき（ 50 － 38 ＝ 12 ）

答《こた》え（ 12人 ）

ひっ算《さん》

| | | |
|---|---|---|
| | ~~5~~⁴ | 0 |
| － | 3 | 8 |
| | 1 | 2 |

**5** れんさんは カードを 67まい もって います。りおさんに 17まい あげると，のこりは 何まいに なりますか。 1つ5 [15点]

しき（ 67 － 17 ＝ 50 ）

答え（ 50まい ）

ひっ算

| | | |
|---|---|---|
| | 6 | 7 |
| － | 1 | 7 |
| | 5 | 0 |

**6** ちひろさんは ポイフルを 31こ もって います。9こ 食《た》べると，のこりは 何こに なりますか。 しき・ひっ算1つ10，答え5 [25点]

しき（ 31 － 9 ＝ 22 ）

★筆算にするとき，9を書く位置に注意します。

答え（ 22こ ）

ひっ算

| | | |
|---|---|---|
| | ~~3~~² | 1 |
| － | | 9 |
| | 2 | 2 |

答え 58ページ

月　日　点

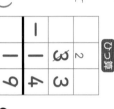

# 4 何十，何百の 計算

10や100のまとまりで考える計算

名前

1 赤色《あかいろ》の 色画用紙《いろがようし》が 50まい，みどり色の 色画用紙が 80まい あります。あわせて 何《なん》まい ありますか。 1つ6［12点《てん》］

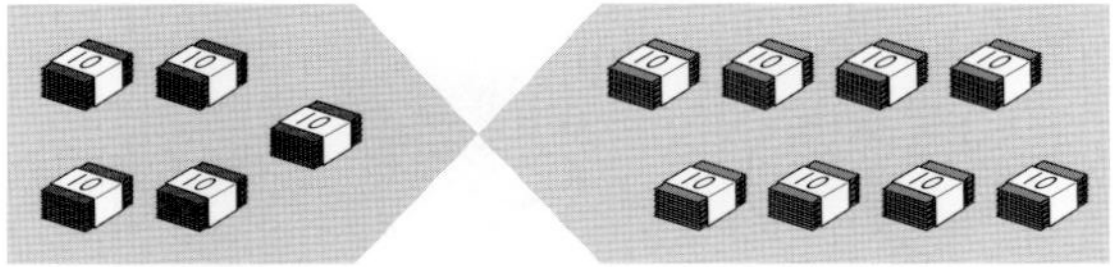

しき（ 50 ＋ 80 ＝ 130 ）

★10のまとまりで考えるのに，10円玉を使ってもよいですね。

答《こた》え（ 130まい ）

2 色紙《いろがみ》が 140まい あります。50まい つかうと，のこりは 何まいに なりますか。 1つ6［12点］

しき（ 140 － 50 ＝ 90 ）

答え（ 90まい ）

3 ストローが 400本 あります。200本 買《か》って くると，ぜんぶで 何本に なりますか。 1つ6［12点］

しき（ 400 ＋ 200 ＝ 600 ）

答え（ 600本 ）



# 4 何十，何百の 計算

4 あめを 90こ もって います。20こ もらうと，ぜんぶで 何《なん》こに なりますか。 1つ8［16点《てん》］

しき（ 90 ＋ 20 ＝ 110 ）

答《こた》え（ 110こ ）

5 学校に 子どもが 600人，先生が 60人 います。みんなで 何人 いますか。 1つ8［16点］

しき（ 600 ＋ 60 ＝ 660 ）

答え（ 660人 ）

6 あゆみさんは 770円 もって います。70円の わたがしを 買《か》うと，のこりは いくらですか。 1つ8［16点］

しき（ 770 － 70 ＝ 700 ）

答え（ 700円 ）

7 めんぼうが 403本 あります。3本 つかうと，のこりは 何本ですか。 1つ8［16点］

しき（ 403 － 3 ＝ 400 ）

答え（ 400本 ）

答え 59ページ

月　日　　点

# 5 時こくと 時間

時刻や時間を求める問題

名前

1 ヤンヤンつけボーを 食《た》べはじめてから 食べおわるまでに かかった 時間《じかん》は 何分《なんぷん》ですか。 [15点《てん》]

長《なが》い はりが 1めもり すすむ 時間は 1分だよ。

★「時刻」と「時刻」の 間が「時間」です。

10 分

2 9時20分に でん車に のりました。30分後《あと》に えきに つきます。えきに つく 時こくを 答《こた》えましょう。 [15点]

( 9時50分 )

3 朝《あさ》 8時に 家《いえ》を 出ました。おきたのは 家を 出る 1時間前《まえ》でした。おきた 時こくを 答えましょう。 [15点]

( 7時 )



# 5 時こくと 時間

4 午前《ごぜん》10時《じ》10分《ぷん》に 家《いえ》を 出て，20分 歩《ある》いて 店《みせ》に つきました。店に ついた 時こくを，午前か 午後《ごご》を つけて 答《こた》えましょう。 [15点《てん》]

( 午前 10 時 30 分 )

5 店に 入ってから，きのこの山を 買《か》うまでに かかった 時間《じかん》は 何分《なんぷん》ですか。 [20点]

長《なが》い はりは 1つ 数字《すうじ》が すすむ ごとに 5分 すすむよ。

( 15分 )

6 まことさんは 午後2時から 午後4時まで 公園《こうえん》で あそびました。公園で あそんだ 時間は 何時間ですか。 [20点]

わからない ときは 時計《とけい》を 見て 考《かんが》えよう。

( 2時間 )

答え 60ページ

月 日 点

# 6 長さの 計算

cmとmmをふくむ，長さの計算

名前

**1** あの 線《せん》と いの 線の 長《なが》さを くらべましょう。 1つ10［40点《てん》］

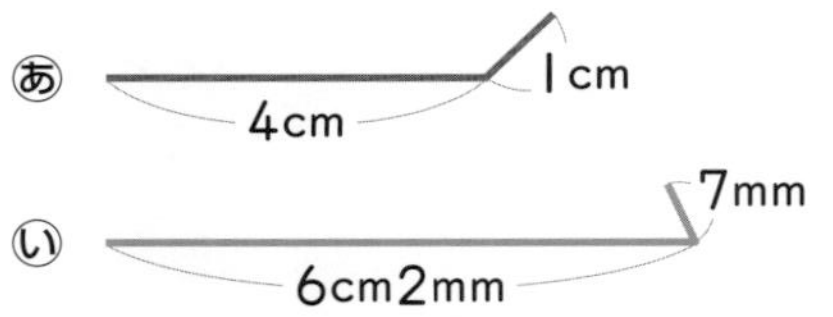

どちらも おれまがった 線だね。

① あの 線の 長さは 何《なん》cmですか。

4 cm ＋ 1 cm ＝ 5 cm

② いの 線の 長さは 何cm何mmですか。

6 cm 2 mm ＋ 7 mm ＝ 6 cm 9 mm

③ どちらの 線が どれだけ 長いでしょうか。

しき 6 cm 9 mm － 5 cm ＝ 1 cm 9 mm

答《こた》え い の 線の ほうが 1 cm 9 mm 長い。

同《おな》じ たんいの 数《かず》どうしを 計算《けいさん》するよ。



# 6 長さの 計算

**2** えんぴつの 長《なが》さは 12cm5mm，赤えんぴつの 長さは 10cm2mmです。 1つ10［40点《てん》］

① えんぴつと 赤えんぴつを あわせると，長さは どれだけに なりますか。

しき（ 12cm5mm ＋ 10cm2mm ＝ 22cm7mm ）

★同じ単位の数に印をつけるとわかりやすいでしょう。

答《こた》え（ 22cm7mm ）

② えんぴつと 赤えんぴつの 長さの ちがいは どれだけですか。

しき（ 12cm5mm － 10cm2mm ＝ 2cm3mm ）

えんぴつの ほうが 長いね。

答え（ 2cm3mm ）

**3** 高《たか》さ 4cm6mmの かんの 上に 3cm2mmの かんを のせました。高さは あわせて 何《なん》cm何mmに なりましたか。 1つ10［20点］

しき（ 4cm6mm ＋ 3cm2mm ＝ 7cm8mm ）

答え（ 7cm8mm ）

答え 61ページ

月　日　点

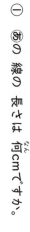

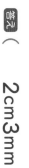

# 7 かさの たんい

dL・L・mLをふくむ，かさの計算

名前

1 5Lの 水が 入る バケツと 10Lの 水が 入る バケツが あります。2つの バケツに 入る 水の かさは あわせて どれだけですか。 1つ8［16点《てん》］

しき 5 L ＋ 10 L ＝ 15 L

答《こた》え 15 L

2 4dLの 水が 入る 水とうと 6dLの 水が 入る 水とうが あります。2つの 水とうに 入る 水の かさの ちがいは どれだけですか。 1つ8［16点］

しき 6 dL − 4 dL ＝ 2 dL

多《おお》い ほうから 少《すく》ない ほうを ひくよ。

答え 2 dL

3 オレンジジュースが 1L5dL，りんごジュースが 1L あります。ジュースは あわせて どれだけ ありますか。 1つ8［16点］

しき 1 L 5 dL ＋ 1 L ＝ 2 L 5 dL

Lどうしを 計算《けいさん》しよう！

答え 2 L 5 dL



# 7 かさの たんい

4 水とうが 3つ あります。 1つ8［32点《てん》］

あ  2dL

い  1L5dL

う  1L2dL

① あと いの 水とうに 入る 水の かさは あわせて どれだけですか。

しき（ 2dL ＋ 1L5dL ＝ 1L7dL ）

dLどうしを 計算《けいさん》するよ！

答《こた》え（ 1L7dL ）

② いと うの 水とうに 入る 水の かさの ちがいは どれだけですか。

しき（ 1L5dL − 1L2dL ＝ 3dL ）

★長さと同様に，同じ単位の数どうしを計算します。

答え（ 3dL ）

5 コップに 牛《ぎゅう》にゅうが 300mL 入って います。200mL のむと，あと どれだけ のこりますか。 1つ10［20点］

しき（ 300mL − 200mL ＝ 100mL ）

★1000mL＝1Lであることも，確認しておきましょう。

答え（ 100mL ）

答え 62ページ

月　日　　点

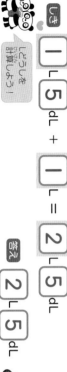

# 8 計算の くふう

( ) を使った計算

名前

**1** きのう，ひろさんは プッカを 5こ 食《た》べました。今日《きょう》，ひろさんは 6こ，お姉《ねえ》さんは 14こ 食べました。2人《ふたり》で あわせて 何《なん》こ 食べましたか。

①②1つ10，③8［28点《てん》］

① ひろさんの 食べた プッカの 数《かず》を（ ）で まとめて，ぜんぶの 数を もとめる しきを 書《か》きましょう。

しき（ (5 + 6) + 14 = 25 ）

ひろさんの 食べた プッカの 数

5+6を 先に 計算《けいさん》するよ。

★（ ）をつけて表すと，式の意味が わかりやすくなります。

② 今日 食べた プッカの 数を（ ）で まとめて，ぜんぶの 数を もとめる しきを 書きましょう。

しき（ 5 + (6 + 14) = 25 ）

今日 食べた プッカの 数

6+14を 先に 計算するよ。

③ プッカを あわせて 何こ 食べましたか。

たす じゅんじょを かえても 答えは 同《おな》じだね！

答《こた》え（ 25こ ）



# 8 計算の くふう

**2** 広場《ひろば》に はとが 13わ いました。そこに はとが 5わ，すずめが 15わ 来《き》ました。ぜんぶで 何《なん》わに なりましたか。

しき（ 13 + 5 + 15 = 33 ） 1つ12［24点《てん》］

後《あと》から 来た 鳥《とり》の 数《かず》を 先に 計算《けいさん》すると……。

答《こた》え（ 33わ ）

**3** お楽《たの》しみ会用《かいよう》に，お茶《ちゃ》を 16本，りんごジュースを 21本 じゅんびしましたが，たりないので，ぶどうジュースを 9本 買《か》って きました。ぜんぶで 何本に なりましたか。

しき（ 16 + 21 + 9 = 46 ） 1つ12［24点］

ジュースの 数を 先に 計算した ほうが 計算が 楽《らく》だね！

答え（ 46本 ）

**4** ちゅう車場《しゃじょう》に バイクが 8台《だい》，黒《くろ》い 車が 13台，白い 車が 37台 とまって います。ぜんぶで 何台 とまって いますか。

1つ12［24点］

しき（ 8 + 13 + 37 = 58 ）

★たし算は，たす順序をかえても答えは同じになります。計算しやすい順で計算しましょう。

答え（ 58台 ）

答え 63ページ

月　　日　　点

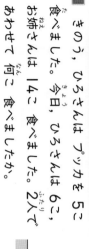

# 9 たし算の ひっ算 ②

和が100以上になる，たし算の筆算

名前

**1** 62円の ラムネと 74円の ビスケットを 買《か》います。だい金は いくらに なりますか。 1つ5［15点《てん》］

しき（ 62 ＋ 74 ＝ 136 ）

ひっ算《さん》

| | | |
|---|---|---|
| | 6 | 2 |
| ＋ | 7 | 4 |
| 1 | 3 | 6 |

くらいを そろえて 書《か》こう。

答《こた》え（ 136円 ）

**2** チョコベビーを ひびきさんは 53こ，いおりさんは 56こ もって います。あわせて 何《なん》こ ありますか。 1つ5［15点］

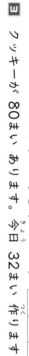

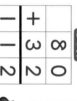

しき（ 53 ＋ 56 ＝ 109 ）

★「あわせて」や「ぜんぶで」という言葉に注目して，たし算の式をつくりましょう。

ひっ算

| | | |
|---|---|---|
| | 5 | 3 |
| ＋ | 5 | 6 |
| 1 | 0 | 9 |

答え（ 109こ ）

**3** クッキーが 80まい あります。今日《きょう》 32まい 作《つく》ります。ぜんぶで 何まいに なりますか。 1つ5［15点］

しき（ 80 ＋ 32 ＝ 112 ）

ひっ算

| | | |
|---|---|---|
| | 8 | 0 |
| ＋ | 3 | 2 |
| 1 | 1 | 2 |

答え（ 112まい ）

# 9 たし算の ひっ算 ②

**4** ペットボトルの ふたを あつめて います。きのうは 86こ，今日《きょう》は 69こ あつまりました。ぜんぶで 何《なん》こ あつまりましたか。 1つ5［15点《てん》］

しき（ 86 ＋ 69 ＝ 155 ）

ひっ算《さん》

| | | |
|---|---|---|
| | 8$^{1}$ | 6 |
| ＋ | 6 | 9 |
| 1 | 5 | 5 |

くり上がった 1を 小さく 書《か》こう。

答《こた》え（ 155こ ）

**5** 体いくかんで 55人の 子どもが あそんで いました。そこへ 47人の 子どもが 来《き》ました。みんなで 何人に なりましたか。 1つ5［15点］

しき（ 55 ＋ 47 ＝ 102 ）

★くり上がった数をたすのを忘れないように注意しましょう。

ひっ算

| | | |
|---|---|---|
| | 5$^{1}$ | 5 |
| ＋ | 4 | 7 |
| 1 | 0 | 2 |

答え（ 102人 ）

**6** くりひろいを しました。れいさんは 43こ，お姉《ねえ》さんは 78こ ひろいました。あわせて 何こですか。 しき・ひっ算1つ10，答え5［25点］

しき（ 43 ＋ 78 ＝ 121 ）

ひっ算

| | | |
|---|---|---|
| | 4$^{1}$ | 3 |
| ＋ | 7 | 8 |
| 1 | 2 | 1 |

答え（ 121こ ）

答え 64ページ

月　日　点

# ⑩ たし算の ひっ算 ③

和が100以上になる，たし算の筆算
大きい数の筆算

名前

**1** 97円の おかしと 3円の レジぶくろを 買《か》います。
だい金は いくらですか。　1つ5［15点《てん》］

しき（ 97 ＋ 3 ＝ 100 ）

答《こた》え（ 100円 ）

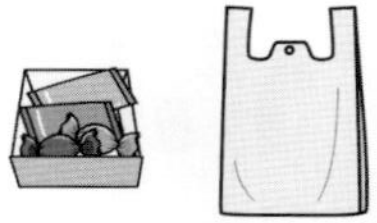

3は
一のくらいだね。

ひっ算《さん》

| | | |
|---|---|---|
| | 1 | |
| | 9 | 7 |
| ＋ | | 3 |
| 1 | 0 | 0 |

**2** おばあさんは 98才《さい》です。おじいさんは おばあさんより 4才 年上だそうです。おじいさんは 何才《なんさい》ですか。　1つ5［15点］

しき（ 98 ＋ 4 ＝ 102 ）

くり上がった 1を
たしわすれないでね。

答え（ 102才 ）

ひっ算

| | | |
|---|---|---|
| | 1 | |
| | 9 | 8 |
| ＋ | | 4 |
| 1 | 0 | 2 |

**3** そらさんは カードを 6まい もって います。
お兄《にい》さんから 95まい もらいました。
ぜんぶで 何まいに なりましたか。　1つ5［15点］

しき（ 6 ＋ 95 ＝ 101 ）

★6を書く位置を間違えやすいので注意しましょう。

答え（ 101まい ）

ひっ算

| | | |
|---|---|---|
| | 1 | |
| | | 6 |
| ＋ | 9 | 5 |
| 1 | 0 | 1 |

# ⑩ たし算の ひっ算 ③

**4** ゆうりさんは 524円の ケーキと 35円の ろうそくを 買《か》います。だい金は いくらに なりますか。　1つ5［15点《てん》］

しき（ 524 ＋ 35 ＝ 559 ）

答《こた》え（ 559円 ）

ひっ算《さん》

| | | |
|---|---|---|
| 5 | 2 | 4 |
| ＋ | 3 | 5 |
| 5 | 5 | 9 |

**5** 北《きた》小学校の 子どもは 423人です。南《みなみ》小学校の 子どもは 北小学校の 子どもより 8人 多《おお》いそうです。南小学校の 子どもは 何人《なんにん》ですか。　1つ5［15点］

しき（ 423 ＋ 8 ＝ 431 ）

8は どこに
書《か》けば いいかな？

答え（ 431人 ）

ひっ算

| | | | |
|---|---|---|---|
| | 4 | 2 1 | 3 |
| ＋ | | | 8 |
| | 4 | 3 | 1 |

**6** 公園《こうえん》に うめの 木が 3本，さくらの 木が 102本 あります。あわせて 何本 ありますか。　しき・ひっ算1つ10，答え5［25点］

しき（ 3 ＋ 102 ＝ 105 ）

答え（ 105本 ）

ひっ算

| | | | |
|---|---|---|---|
| | | | 3 |
| ＋ | 1 | 0 | 2 |
| | 1 | 0 | 5 |

答え 65ページ　　月　　日　　点

# 11 ひき算の ひっ算 ②

ひかれる数が100以上の，ひき算の筆算

名前

1 128ページの 本を 読《よ》んで います。今《いま》 45ページまで 読みました。のこりは 何《なん》ページですか。 1つ5［15点《てん》］

しき（ 128 － 45 ＝ 83 ）

ひっ算《さん》

| | | | |
|---|---|---|---|
| | ~~1~~ | 2 | 8 |
| － | | 4 | 5 |
| | | 8 | 3 |

百のくらいから<br>1 くり下げるんだね。

答《こた》え（ 83ページ ）

2 チョコベビーが 114こ あります。ポイフルは 54こ あります。ちがいは 何こですか。 1つ5［15点］

しき（ 114 － 54 ＝ 60 ）

ひっ算

| | | | |
|---|---|---|---|
| | ~~1~~ | 1 | 4 |
| － | | 5 | 4 |
| | | 6 | 0 |

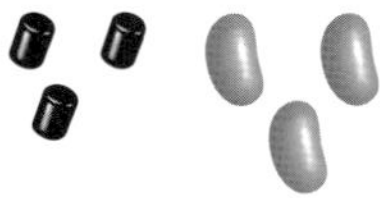

答え（ 60こ ）

3 うみさんは 153円 もって います。62円の アイスを 買《か》います。のこりは いくらですか。 1つ5［15点］

しき（ 153 － 62 ＝ 91 ）

★「のこりは」や「ちがいは」という言葉に注目して，ひき算の式をつくります。

ひっ算

| | | | |
|---|---|---|---|
| | ~~1~~ | 5 | 3 |
| － | | 6 | 2 |
| | | 9 | 1 |

答え（ 91円 ）

# 11 ひき算の ひっ算 ②

4 マーブルチョコレートが 131こ あります。52こ 食《た》べると，のこりは 何《なん》こに なりますか。 1つ5［15点《てん》］

しき（ 131 － 52 ＝ 79 ）

ひっ算《さん》

| | | | |
|---|---|---|---|
| | ~~1~~ | ~~3~~2 | 1 |
| － | | 5 | 2 |
| | | 7 | 9 |

一のくらいから<br>計算《けいさん》するよ。

★くり下げた後の数を小さく書きましょう。

答《こた》え（ 79こ ）

5 2年生 115人に ペットを かって いるか 聞《き》きました。ペットを かって いる 人は 47人でした。ペットを かって いない 人は 何人ですか。 1つ5［15点］

しき（ 115 － 47 ＝ 68 ）

★全体のうち一部分の数がわかっているとき，もう一部分の数はひき算で求めます。

ひっ算

| | | | |
|---|---|---|---|
| | ~~1~~ | ~~1~~0 | 5 |
| － | | 4 | 7 |
| | | 6 | 8 |

答え（ 68人 ）

6 180円 もって います。86円の ガムを 買《か》うと，のこりは いくらですか。 しき・ひっ算1つ10，答え5［25点］

しき（ 180 － 86 ＝ 94 ）

ひっ算

| | | | |
|---|---|---|---|
| | ~~1~~ | ~~8~~7 | 0 |
| － | | 8 | 6 |
| | | 9 | 4 |

答え（ 94円 ）

答え 66ページ

月　日　点

# 12 ひき算の ひっ算 ③

ひかれる数が100以上の，ひき算の筆算
大きい数の筆算

名前

**1** 店《みせ》に 104この おかしが ありました。1日で 87こ 売《う》れました。あと 何《なん》こ のこって いますか。

1つ5 [15点《てん》]

しき（ 104 − 87 = 17 ）

答《こた》え（ 17こ ）

ひっ算《さん》

| | | | |
|---|---|---|---|
| | | 9<br>~~10~~ | |
| | ~~1~~ | ~~0~~ | 4 |
| − | | 8 | 7 |
| | | 1 | 7 |

**2** かごに アポロと ポイフルが あわせて 100こ 入って います。アポロは 38こ 入って いるそうです。ポイフルは 何こ 入って いますか。

1つ5 [15点]

しき（ 100 − 38 = 62 ）

100この うち
38こが アポロだから，
のこりは……。

答え（ 62こ ）

ひっ算

| | | | |
|---|---|---|---|
| | | 9<br>~~10~~ | |
| | ~~1~~ | ~~0~~ | 0 |
| − | | 3 | 8 |
| | | 6 | 2 |

**3** メモ用紙《ようし》を 102まい もって います。5まい つかうと，のこりは 何まいですか。

1つ5 [15点]

しき（ 102 − 5 = 97 ）

★ひかれる数の十の位が0のときは特に間違えやすいので，よく練習しましょう。

答え（ 97まい ）

ひっ算

| | | | |
|---|---|---|---|
| | | 9<br>~~10~~ | |
| | ~~1~~ | ~~0~~ | 2 |
| − | | | 5 |
| | | 9 | 7 |

# 12 ひき算の ひっ算 ③

**4** ちゅう車場《しゃじょう》に 458台《だい》 車が とまって います。41台 出て いくと，とまって いるのは 何台《なんだい》に なりますか。

1つ5 [15点]

しき（ 458 − 41 = 417 ）

のこりの 数《かず》を
もとめるんだね。

答《こた》え（ 417台 ）

ひっ算《さん》

| | | | |
|---|---|---|---|
| | 4 | 5 | 8 |
| − | | 4 | 1 |
| | 4 | 1 | 7 |

**5** えい画《が》かんに 子どもが 263人 います。大人《おとな》は 子どもより 25人 少《すく》ないそうです。大人は 何人 いますか。

1つ5 [15点]

しき（ 263 − 25 = 238 ）

★数が大きくなっても，一の位から順に計算します。

答え（ 238人 ）

ひっ算

| | | | |
|---|---|---|---|
| | 2 | ~~6~~ 5 | 3 |
| − | | 2 | 5 |
| | 2 | 3 | 8 |

**6** わゴムが 651本 あります。9本 つかいました。わゴムは 何本 のこって いますか。

しき・ひっ算1つ10，答え5 [25点]

しき（ 651 − 9 = 642 ）

答え（ 642本 ）

ひっ算

| | | | |
|---|---|---|---|
| | 6 | ~~5~~ 4 | 1 |
| − | | | 9 |
| | 6 | 4 | 2 |

答え 67ページ

月 日

点

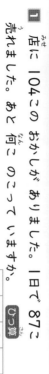

# 13 5，2のだんの 九九

5の段，2の段の九九を使う計算

名前

**1** アポロが 1さらに 5こずつ のって います。 1つ6［24点《てん》］

① 2さらでは，アポロは 何《なん》こに なりますか。

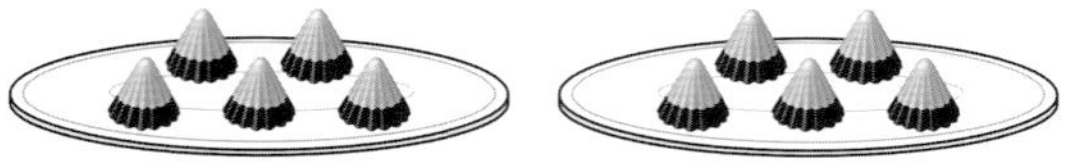

「×」は かけ算《ざん》の 記《き》ごうだよ！

しき 5 × 2 = 10

（1つ分《ぶん》の 数《かず》）（いくつ分）（ぜんぶの 数）

答《こた》え（ 10こ ）

② 3さらでは，アポロは 何こに なりますか。

しき 5 × 3 = 15

答え（ 15こ ）

**2** 花を 1人《ひとり》に 2本ずつ くばります。 1つ7［28点］

① 4人に くばるには，花は ぜんぶで 何本 いりますか。

しき（ 2 × 4 = 8 ）

（1つ分の 数）（いくつ分）（ぜんぶの 数）

答え（ 8本 ）

② 5人に くばるには，花は ぜんぶで 何本 いりますか。

しき（ 2 × 5 = 10 ）

答え（ 10本 ）



# 13 5，2のだんの 九九

**3** どらやきが 1はこに 5こずつ 入って います。 1つ6［30点《てん》］

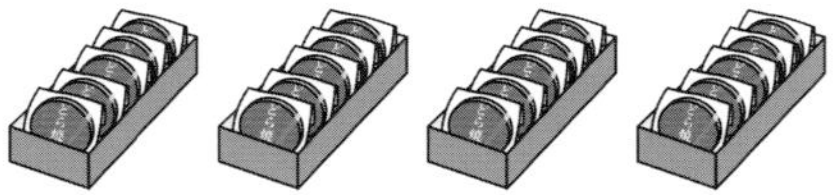

① 4はこでは，どらやきは 何《なん》こに なりますか。

しき（ 5 × 4 = 20 ）

答《こた》え（ 20こ ）

② 1はこ ふえると，どらやきは 何こ ふえますか。

（ 5こ ）

③ 5はこでは，どらやきは 何こに なりますか。

しき（ 5 × 5 = 25 ）

かけ算《ざん》の しきを 書《か》こう。

答え（ 25こ ）

**4** オムレツを 6人分《ぶん》 作《つく》ります。1人《ひとり》分 作るのに たまごを 2こ つかいます。たまごは ぜんぶで 何こ つかいますか。 1つ9［18点］

しき（ 2 × 6 = 12 ）

1つ分の 数《かず》は いくつかな。

答え（ 12こ ）

答え 68ページ

月　日　点

# 14 3，4のだんの 九九

3の段，4の段の九九を使う計算

名前

**1** 1パック 3こ入りの プリンが あります。 1つ6［24点《てん》］

① 2パックでは，プリンは 何《なん》こ ありますか。

しき 3 × 2 = 6 （ぜんぶの 数）

（1つ分の 数）（いくつ分）

答《こた》え（ 6こ ）

② 3パックでは，プリンは 何こ ありますか。

しき（ 3 × 3 = 9 ）

答え（ 9こ ）

**2** ヤンヤンつけボーを 1人《ひとり》 4本ずつ 食《た》べます。 1つ6［24点］

① 5人が 食べました。食べたのは 何本ですか。

しき（ 4 × 5 = 20 ）

答え（ 20本 ）

② 8人が 食べました。食べたのは 何本ですか。

しき（ 4 × 8 = 32 ）

答え（ 32本 ）



# 14 3，4のだんの 九九

**3** かじゅうグミを 1日に 4こずつ 4日間《かん》 食《た》べました。

ぜんぶで 何《なん》こ 食べましたか。 1つ6［12点《てん》］

しき（ 4 × 4 = 16 ）

答《こた》え（ 16こ ）

**4** 3さつで 1パックの ノートが あります。 1つ6［24点］

① 6パックでは，ノートは 何さつに なりますか。

しき（ 3 × 6 = 18 ）

答え（ 18さつ ）

② 7パックでは，ノートは 何さつに なりますか。

しき（ 3 × 7 = 21 ）

九九を おぼえると すぐに 答えが わかるように なるよ。

答え（ 21さつ ）

**5** 4人で 1つの チームを つくって ゲームを します。ちょうど 9つの チームが できました。ぜんぶで 何人 いますか。 1つ8［16点］

しき（ 4 × 9 = 36 ）

★問題文をよく読んで，「1つ分の数」と「いくつ分」がどれになるかを考えるようにしましょう。

答え（ 36人 ）

答え 69ページ

月　日　点

# 15 6，7のだんの 九九

6の段，7の段の九九を使う計算

名前

**1** きのこの山が 1さらに 6こずつ のって います。

1つ6［24点《てん》］

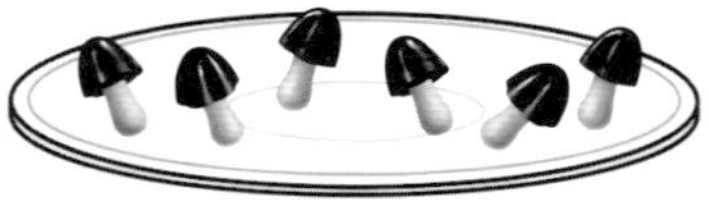

① 4さらでは，きのこの山は 何《なん》こに なりますか。

しき（ 6 × 4 ＝ 24 ）

答《こた》え（ 24こ ）

② 6さらでは，きのこの山は 何こに なりますか。

しき（ 6 × 6 ＝ 36 ）

★九九はくり返し声に出して覚えるように しましょう。

答え（ 36こ ）

**2** 1ふくろ 7まい入りの チーズを 買《か》います。 1つ6［24点］

① 2ふくろ 買うと，チーズは 何まいに なりますか。

しき（ 7 × 2 ＝ 14 ）

答え（ 14まい ）

② 3ふくろ 買うと，チーズは 何まいに なりますか。

しき（ 7 × 3 ＝ 21 ）

答え（ 21まい ）



# 15 6，7のだんの 九九

**3** 1はこ 6こ入りの ドーナツが 8はこ あります。ドーナツは ぜんぶで 何《なん》こ ありますか。 1つ6［12点］

しき（ 6 × 8 ＝ 48 ）

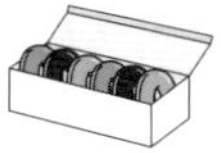

答《こた》え（ 48こ ）

**4** たけのこの里《さと》を 4人の 子どもに 7こずつ くばりました。たけのこの里は ぜんぶで 何こ ありましたか。 1つ6［12点］

しき（ 7 × 4 ＝ 28 ）

答え（ 28こ ）

**5** 1まい 6円の ふくろが あります。9まい 買《か》うと，ぜんぶで いくらに なりますか。 1つ7［14点］

しき（ 6 × 9 ＝ 54 ）

答え（ 54円 ）

**6** 7人のりの 車が 7台《だい》 あります。ぜんぶで 何人 のれますか。 1つ7［14点］

しき（ 7 × 7 ＝ 49 ）

★7の段は間違えやすいので，何度も練習 しましょう。

答え（ 49人 ）

答え 70ページ

月 日 点

# 16 8，9，1のだんの 九九

8の段，9の段，1の段の九九を使う計算

名前

**1** 8本入りの ペンセットが あります。 1つ7［28点《てん》］

① 2セットでは，ペンは ぜんぶで 何本《なんぼん》 ありますか。

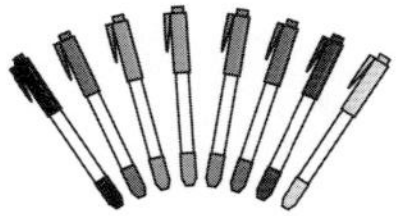

しき（ 8 × 2 = 16 ）

答《こた》え（ 16本 ）

② 9セットでは，ペンは ぜんぶで 何本 ありますか。

しき（ 8 × 9 = 72 ）

8のだんの 九九を 言《い》って みよう。

答え（ 72本 ）

**2** クッキーを 1ふくろに 9まいずつ 入れると，ちょうど 3ふくろ できました。クッキーは 何まい ありましたか。 1つ7［14点］

しき（ 9 × 3 = 27 ）

答え（ 27まい ）

**3** 1人《ひとり》に 1本ずつ 7人に お茶《ちゃ》を くばりました。 くばった お茶は 何本ですか。 1つ7［14点］

しき（ 1 × 7 = 7 ）

1本の 7人分《にんぶん》だから……。

答え（ 7本 ）



# 16 8，9，1のだんの 九九

**4** 1はこに 9まいずつ せんべいが 入った はこが 5はこ あります。せんべいは ぜんぶで 何《なん》まい ありますか。 1つ8［16点《てん》］

しき（ 9 × 5 = 45 ）

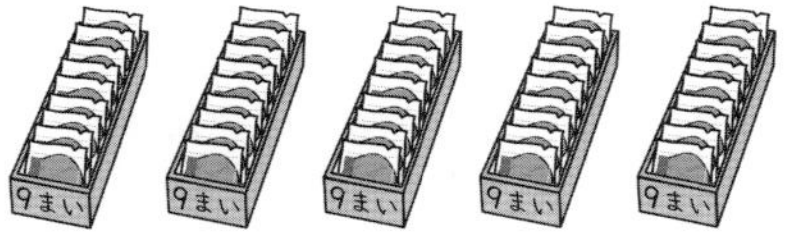


答《こた》え（ 45まい ）

**5** おかしを つかって カップケーキに かざりつけを します。カップケーキは 8こ あります。 1つ7［28点］

① 1この カップケーキに，アポロを 1こずつ つかいます。アポロは 何こ いりますか。

しき（ 1 × 8 = 8 ）

答え（ 8こ ）

② 1この カップケーキに，マーブルチョコレートを 8こずつ つかいます。 マーブルチョコレートは 何こ いりますか。

しき（ 8 × 8 = 64 ）

★九九がすらすら言えるようになるには時間がかかります。根気よく練習しましょう。

答え（ 64こ ）

答え 71ページ

月 日 点

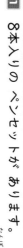

# 17 ばいと かけ算

「倍」について，かけ算で考える問題

名前

**1** 黄色《きいろ》の テープの 2ばいの 長《なが》さに すきな 色を ぬりましょう。 [6点《てん》]

2つ分《ぶん》に 色を ぬれば いいんだね。

**2** ピンク色の テープの 4ばいの 長さに すきな 色を ぬりましょう。 [6点]

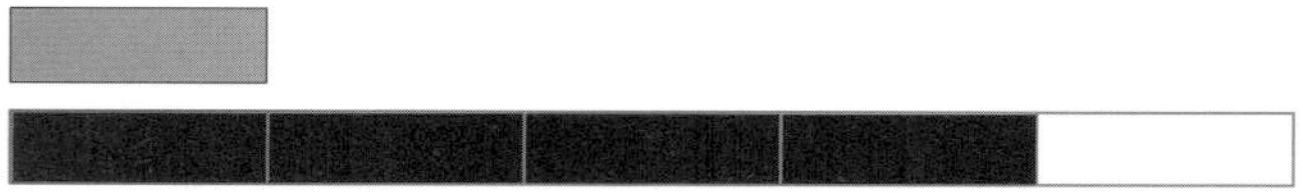

**3** 下の 図《ず》を 見て 答《こた》えましょう。 1つ8 [24点]

あ
い

いは あの 3つ分だね。

① いの テープの 長さは あの テープの 長さの 何《なん》ばいですか。

（ 3 ばい）

② あの テープの 長さは 8cmです。いの テープの 長さは 何cmですか。

しき（ 8 × 3 ＝ 24 ）

ばい

答え（ 24cm ）



## 17 ばいと かけ算

**4** 下の 図《ず》を 見て 答《こた》えましょう。 1つ8 [24点《てん》]

① 青色《あおいろ》の テープの 長《なが》さは，ピンク色の テープの 長さの 何《なん》ばいですか。

（ 5ばい ）

② 青色の テープの 長さは 何cmですか。

しき（ 3 × 5 ＝ 15 ）

答え（ 15cm ）

**5** ポイフルが 6こ あります。アポロは ポイフルの 3ばい あります。アポロは 何こ ありますか。 1つ10 [20点]

しき（ 6 × 3 ＝ 18 ）

「何ばい」の ときも かけ算《さん》だよ。

答え（ 18こ ）

**6** あめは 1こ 9円です。ラムネの ねだんは あめの 2ばいです。ラムネは 1こ 何円ですか。 1つ10 [20点]

しき（ 9 × 2 ＝ 18 ）

答え（ 18円 ）

答え 72ページ

月 日

点

## チョコっと ひとやすみ

正しい 文は どれかな？

絵《え》を 見て，ア～エから 正しい 文を えらびましょう。

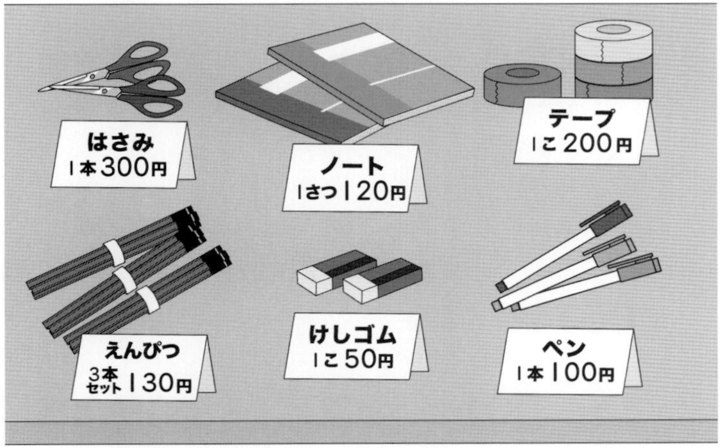
はさみ
1本300円
ノート
1さつ120円
テープ
1こ200円
えんぴつ
3本セット130円
けしゴム
1こ50円
ペン
1本100円

ア　えんぴつを 3セット 買《か》うと，ぜんぶで 12本です。

イ　ペンと はさみを 1本ずつ 買うと，あわせて 400円です。

ウ　テープを 1こ 買って 1000円 出すと，おつりは 700円です。

エ　けしゴムと ノートでは，ノートが 50円 高《たか》いです。

答《こた》え（　イ　）



絵《え》を 見て，ア～エから 正しい 文を えらびましょう。

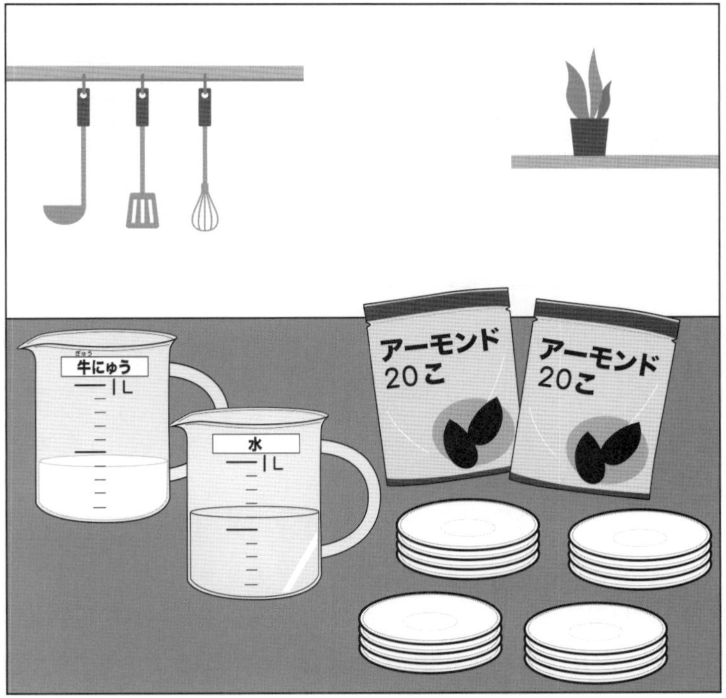
牛にゅう
1L
水
1L
アーモンド
20こ
アーモンド
20こ

ア　牛《ぎゅう》にゅうは 6dL あります。

イ　さらは ぜんぶで 18まい あります。

ウ　水は 牛にゅうより 2dL 多《おお》いです。

エ　アーモンドは ぜんぶで 50こ あります。

答《こた》え（　ウ　）

# 18 何百の たし算と ひき算

100のまとまりで考える計算

名前

**1** ひなたさんは ビーズを 600こ，ゆうきさんは ビーズを 500こ もって います。ビーズは あわせて 何《なん》こ ありますか。

1つ8［16点《てん》］

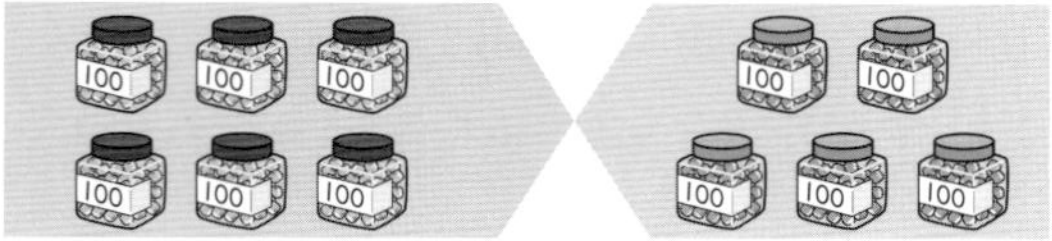

しき（ 600 ＋ 500 ＝ 1100 ）

★100のまとまりで考えましょう。

答《こた》え（ 1100こ ）

**2** コピー用紙《ようし》が 1000まい あります。

1つ8［32点］

① 400まい つかうと，のこりは 何まいですか。

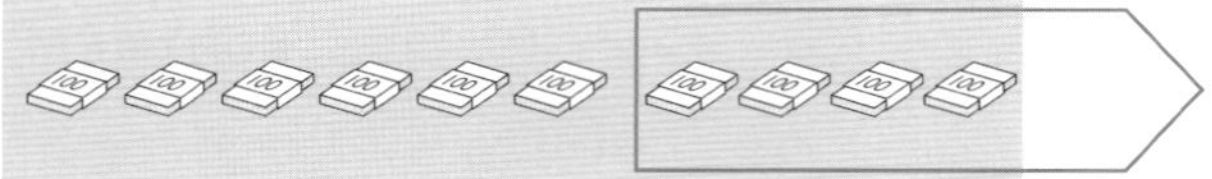

しき（ 1000 − 400 ＝ 600 ）

答え（ 600まい ）

② 800まい つかうと，のこりは 何まいですか。

しき（ 1000 − 800 ＝ 200 ）

答え（ 200まい ）



# 18 何百の たし算と ひき算

**3** コンサートの チケットが 700まい あります。400まい 売《う》れました。のこりは 何《なん》まいですか。

1つ8［16点《てん》］

しき（ 700 − 400 ＝ 300 ）

答《こた》え（ 300まい ）

**4** 400人 入ることの できる 小ホールと，800人 入ることの できる 大ホールが あります。あわせて 何人 入ることが できますか。

1つ8［16点］

しき（ 400 ＋ 800 ＝ 1200 ）

答え（ 1200人 ）

**5** ちょ金ばこに 900円 入って います。300円 もらって ちょ金ばこに 入れました。ちょ金ばこには ぜんぶで いくら 入って いますか。

1つ10［20点］

しき（ 900 ＋ 300 ＝ 1200 ）

★実際に100円玉を使って考えても よいですね。

答え（ 1200円 ）

答え 74ページ　　月　　日　　点

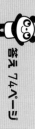

# 19 長さの たんい

cmとmをふくむ，長さの計算

名前

**1** 下の テープの 長《なが》さは どれだけですか。 1つ10 [20点《てん》]

① 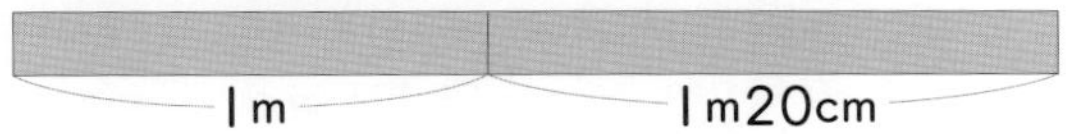


[1] m + [1] m [20] cm = [2] m [20] cm

② 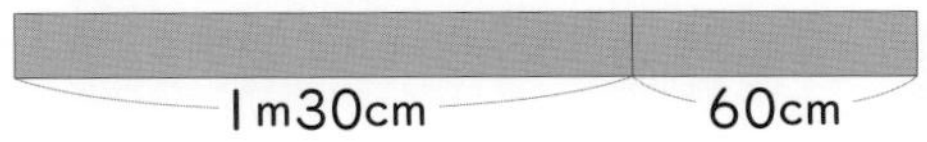


[1] m [30] cm + [60] cm = [1] m [90] cm

同《おな》じ たんいの 数《かず》どうしを たそうね。

**2** 黒《こく》ばんの よこの 長さを はかったら，1mの ものさしで 3つ分《ぶん》と 60cmでした。 1つ10 [20点]

① 黒ばんの よこの 長さは 何《なん》m何cmですか。

1mが 3つ分と 60cmだから， [3] m [60] cm

② 黒ばんの よこの 長さは 何cmですか。

1m = [100] cmだから，

3m60cm = [360] cm

3m60cmは，300cm+60cm と いう ことだよ。



# 19 長さの たんい

**3** 2m60cmの 水色《みずいろ》の リボンと 3m10cmの ピンク色の リボンが あります。2つの リボンを あわせた 長《なが》さは どれだけですか。 1つ10 [20点《てん》]

しき（2m60cm + 3m10cm = 5m70cm）

mどうし，cmどうしを たそう！

答《こた》え（ 5m70cm ）

**4** 校ていに 8m50cmの 線《せん》を ひきます。今《いま》，5mの 線を ひきました。あと どれだけ ひきますか。 1つ10 [20点]

しき（ 8m50cm − 5m = 3m50cm ）

答え（ 3m50cm ）

**5** つかささんの しん長《ちょう》は 127cmです。高《たか》さ 30cmの 台《だい》に のります。高さは あわせて 何《なん》m何cmに なりますか。 1つ10 [20点]

しき [127] cm + [30] cm = [157] cm

157cm = [1] m [57] cm

100cm+57cm
1m

たんいを かえて あらわそう。

答え（ 1m57cm ）

答え 75ページ

月　日

点

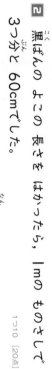

# 20 図を つかって 考えよう ①

テープ図で考える問題　名前

1 クッキーが 20まい あります。何《なん》まいか もらったので，ぜんぶで 35まいに なりました。もらった クッキーは 何まいですか。　1つ10［20点《てん》］

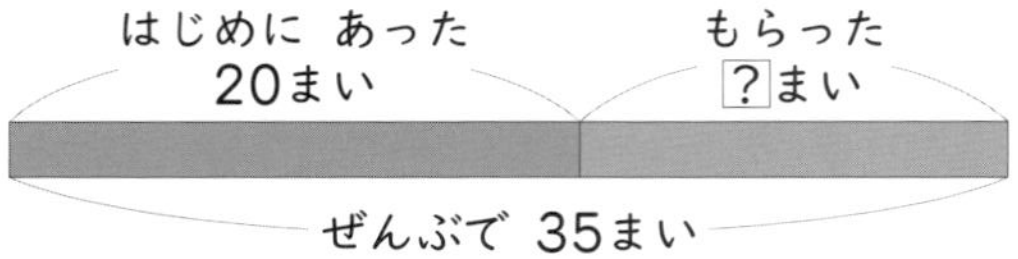

はじめに あった
20まい
もらった
?まい
ぜんぶで 35まい


図《ず》に すると わかりやすいね。

しき（ 35 － 20 ＝ 15 ）

答《こた》え（ 15まい ）

2 広場《ひろば》に 子どもが 18人 います。後《あと》から 何人か 来《き》たので，みんなで 24人に なりました。後から 来た 子どもは 何人ですか。　図・しき・答え1つ10［30点］

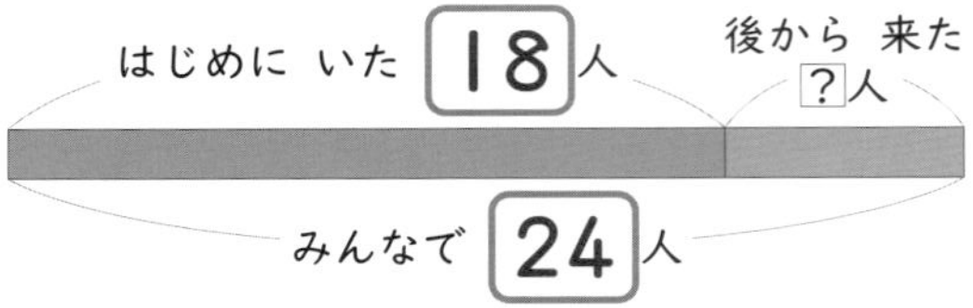

はじめに いた 18人
後から 来た
?人
みんなで 24人


わかる 数《かず》を □に 書《か》こう。

しき（ 24 － 18 ＝ 6 ）

答え（ 6人 ）



# 20 図を つかって 考えよう ①

3 チョコベビーが 何《なん》こか あります。7こ 食《た》べたので，のこりは 22こに なりました。チョコベビーは はじめ 何こ ありましたか。　1つ10［20点《てん》］

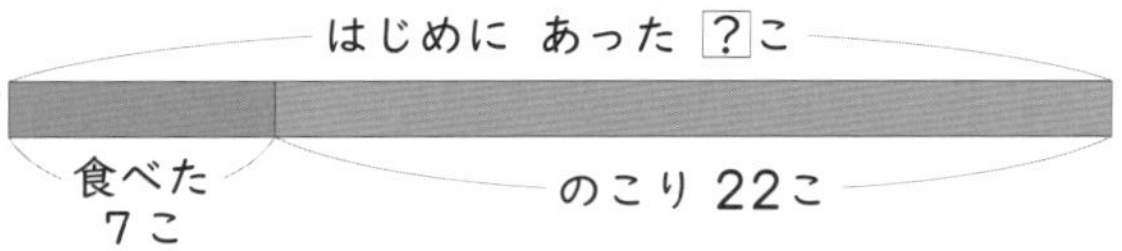

はじめに あった ?こ
食べた
7こ
のこり 22こ


しき（ 7 ＋ 22 ＝ 29 ）

答《こた》え（ 29こ ）

4 なつきさんは おかしを 買《か》いに 行《い》きました。56円の おかしを 買ったら，のこりが 16円に なりました。はじめに いくら ありましたか。　図《ず》・しき・答え1つ10［30点］

はじめに あった ?円
はらった 56円
のこり
16円


たし算《ざん》かな，ひき算かな。

しき（ 56 ＋ 16 ＝ 72 ）

★慣れてきたら，問題文を読んで自分で図に表す練習をしましょう。

答え（ 72円 ）

答え 76ページ　月　日　点

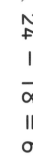

# 21 図を つかって 考えよう ②

テープ図で考える問題

名前

**1** パンやに あんパンが あります。15こ やき上がったので，ぜんぶで 21こに なりました。あんパンは はじめ 何《なん》こ ありましたか。

1つ10［20点《てん》］

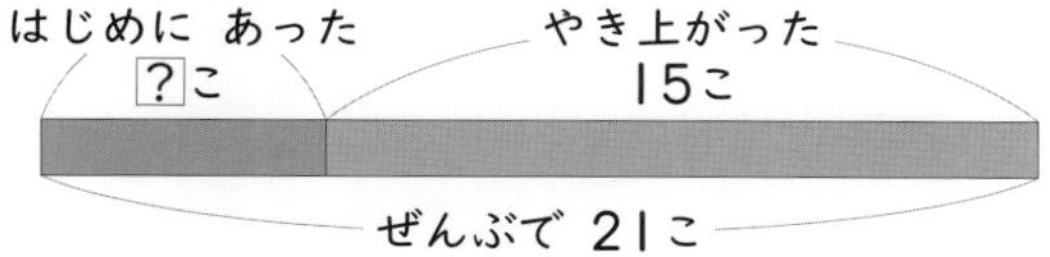

はじめに あった
?こ
やき上がった
15こ
ぜんぶで 21こ


しき（ 21 － 15 ＝ 6 ）

★図に表すことで，たし算かひき算か，わかりやすくなることを伝えましょう。

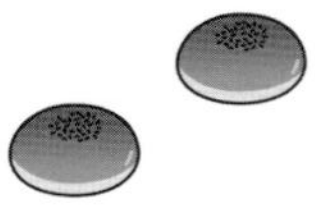

答《こた》え（ 6こ ）

**2** 木に 鳥《とり》が とまって います。後《あと》から 13わ 来《き》たので，ぜんぶで 48わに なりました。はじめに とまって いた 鳥は 何わですか。

図《ず》・しき・答え1つ10［30点］

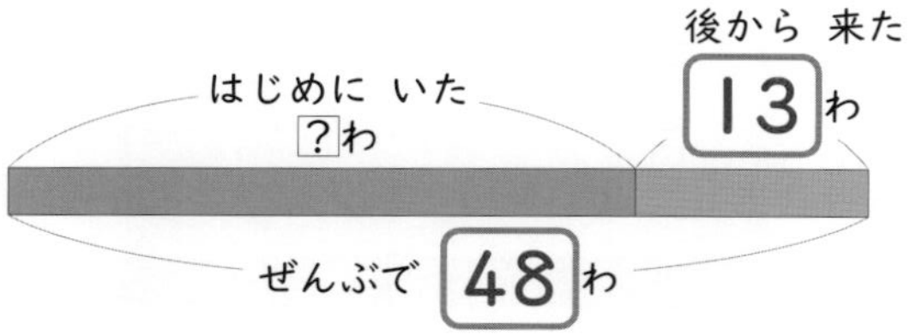

後から 来た
13わ
はじめに いた
?わ
ぜんぶで 48わ

わかって いる
数《かず》は 何《なに》かな。


しき（ 48 － 13 ＝ 35 ）

答え（ 35わ ）



# 21 図を つかって 考えよう ②

**3** ポイフルが 52こ あります。何《なん》こか あげましたが，まだ 28こ のこって います。あげたのは 何こですか。

1つ10［20点《てん》］

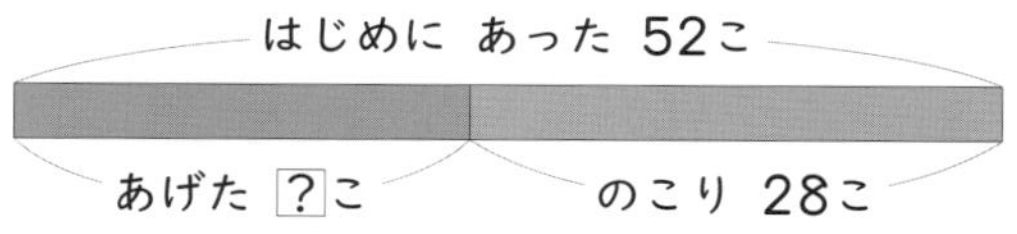

はじめに あった 52こ
あげた ?こ
のこり 28こ

しき（ 52 － 28 ＝ 24 ）

答《こた》え（ 24こ ）

**4** 97円 もって います。ノートを 買《か》ったら，のこりは 37円に なりました。ノートは いくらですか。

図《ず》・しき・答え1つ10［30点］

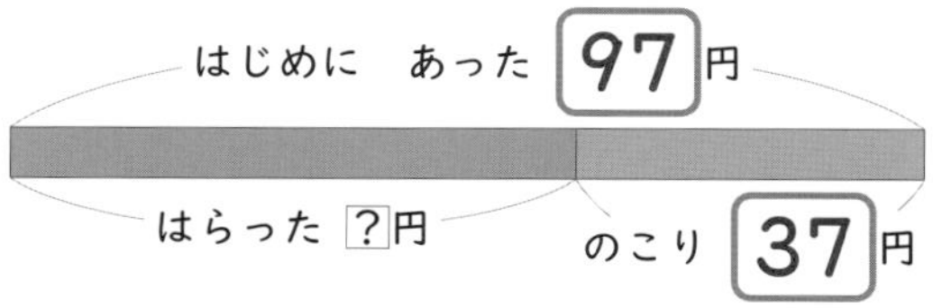

はじめに あった 97円
はらった ?円
のこり 37円

もんだい文を
よく 読《よ》もう！


しき（ 97 － 37 ＝ 60 ）

★自分で図をかくときは，テープの長さはおよその長さで表してよいです。

答え（ 60円 ）

答え 77ページ

月　日

点

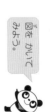

# 22 2年生の まとめ

2年生の文章題のまとめ

名前

**1** きのこの山が 27こ，たけのこの里《さと》が 29こ あります。あわせて 何《なん》こ ありますか。 1つ6［12点《てん》］

しき（ 27 ＋ 29 ＝ 56 ）

```
  27
+ 29
----
  56
```

ひっ算《さん》で計算《けいさん》しよう。

答《こた》え（ 56こ ）

**2** ひかるさんは 102円 もって います。76円の プリンを 買《か》います。のこりは いくらですか。 1つ6［12点］

しき（ 102 － 76 ＝ 26 ）

```
  102
-  76
-----
   26
```

★筆算は，位をそろえて書き，一の位から順番に位ごとに計算します。くり上がりやくり下がりのあるときに間違えやすいので，ゆっくり丁寧に計算するようにしましょう。

答え（ 26円 ）

**3** かじゅうグミが 1さらに 6こずつ のって います。5さらでは 何こ ありますか。 1つ7［14点］

しき（ 6 × 5 ＝ 30 ）

答え（ 30こ ）

**4** 1日に 4ページずつ 本を 読《よ》みます。3日間《かん》で 何ページ 読みますか。 1つ7［14点］

しき（ 4 × 3 ＝ 12 ）

答え（ 12ページ ）



# 22 2年生の まとめ

**5** 色紙《いろがみ》が あります。15まい つかったので，のこりは 52まいに なりました。色紙は はじめ 何《なん》まい ありましたか。 1つ8［16点《てん》］

しき（ 15 ＋ 52 ＝ 67 ）

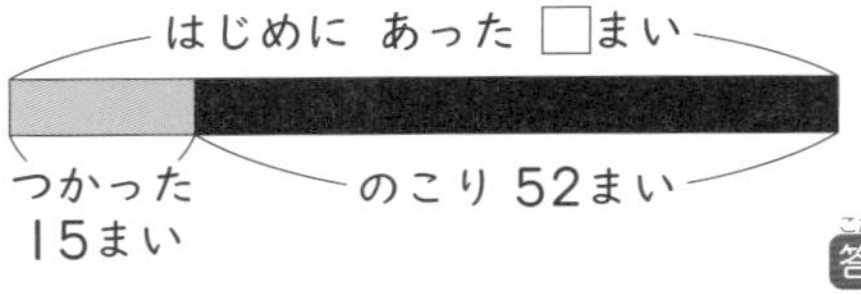

はじめに あった □まい
つかった 15まい
のこり 52まい


図《ず》を かいてみよう。

答《こた》え（ 67まい ）

**6** 校ていに 子どもが 95人 います。後《あと》から 何人か 来《き》たので，みんなで 136人に なりました。後から 来た 子どもは 何人ですか。 1つ8［16点］

しき（ 136 － 95 ＝ 41 ）

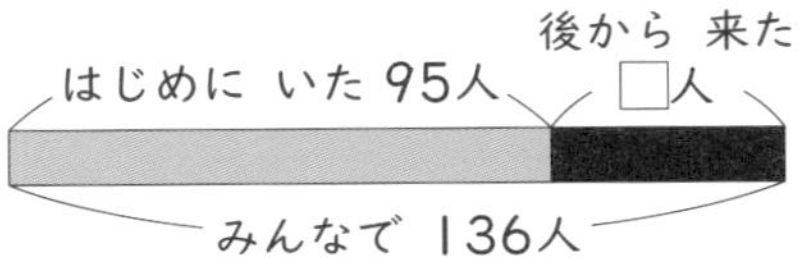

はじめに いた 95人
後から 来た □人
みんなで 136人


答え（ 41人 ）

**7** 500mL 入る 水とうに 300mLの 水を 入れました。水は あと 何mL 入りますか。 1つ8［16点］

しき（ 500mL － 300mL ＝ 200mL ）

いよいよ さい後《ご》の もんだいだよ！ よく がんばったね！

答え（ 200mL ）

答え 78ページ

月 日

点

# チョコっと ひとやすみ

★こうさく★
おかしボックスを
作ってみよう！

## おかしボックス

12ページに ある 作《つく》り方《かた》を 見ながら，おかしを 入れる はこを 作ってみよう！

はさみや カッターを つかう 時《とき》は，けがに 気を つけよう！

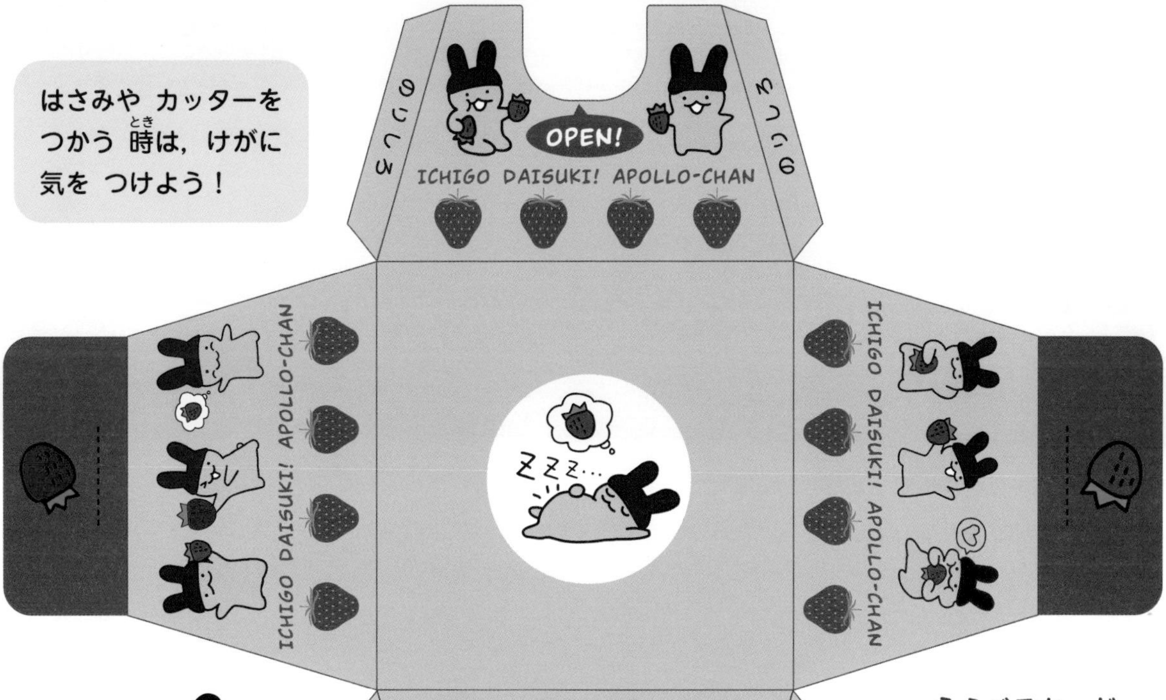


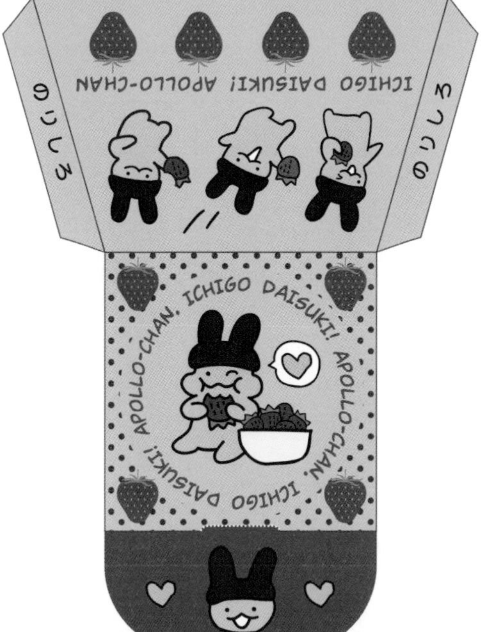

えらべるカードは，おかしボックスの 切《き》りこみを 入れた ところに させるよ。

えらべるカード

A

B

C